全国地层多重划分对比研究

（12）

天津市岩石地层

主　编：田树信
编著者：田树信　翟子梅
技术指导：陈晋镳

中国地质大学出版社

内容简介

为了提高地层研究程度、促进地质找矿、基础地质研究和区调填图现代化以及国际地质科学交流，作者在现代地层学理论指导下，清理研究了天津市已有的地层资料，并在此基础上编写成此书。本书根据地层多重划分观点和新成果、新认识，重新明确了天津市中元古代—第三纪岩石地层单位的划分、对比标准、定义、延伸范围及与其它地层单位的相互关系，确定建议使用的正式岩石地层单位40个，其中尤以蓟县中—晚元古代地层叙述较详细。同时建立了地层数据库，力图使地层研究和地层单位划分与管理规范化、现代化。本书是天津市地层学研究的一部专著，为从事地质生产、科研、教学等有关部门了解和研究天津市地层情况提供了系统资料，具有较广泛的实用意义和重要的参考价值。

图书在版编目(CIP)数据

天津市岩石地层/田树信主编．—武汉：中国地质大学出版社，1996.7(2008.7重印)
(全国地层多重划分对比研究；12)
ISBN 978-7-5625-1039-0

Ⅰ．天…
Ⅱ．田…
Ⅲ．地层学—天津市
Ⅳ．P535.221

中国版本图书馆CIP数据核字(2008)第062478号

天津市岩石地层 田树信 主编

责任编辑：张晓红 责任校对：熊华珍

出版发行：中国地质大学出版社(武汉市洪山区鲁磨路388号) 邮编：430074
电话：(027)67883511 传真：67883580 E-mail：cbb @ cug.edu.cn
经 销：全国新华书店 http：//www.cugp.cn

开本：787毫米×1092毫米 1/16 字数：192千字 印张：7.25 插页1
版次：1996年7月第1版 印次：2008年7月第2次印刷
印刷：武汉教文印刷厂 印数：401—900册

ISBN 978-7-5625-1039-0 定价：21.50元

序

100多年来，地层学始终是地质学的重要基础学科的支柱，甚至还可以说是基础中的基础，它为近代地质学的建立和发展发挥了十分重要的作用。随着板块构造学说的提出和发展，地质科学正经历着一场深刻的变革，古老的地层学和其他分支学科一样还面临着满足社会不断进步与发展的物质需要和解决人类的重大环境问题等双重任务的挑战。为了迎接这一挑战，依靠现代科技进步及各学科之间相互渗透，地层学的研究范围将不断扩大，研究途径更为宽广，研究方法日趋多样化，并萌发出许多新的思路和学术思想，产生出许多分支学科，如生态地层学、磁性地层学、地震地层学、化学地层学、定量地层学、事件地层学、化学地层学、气候地层学、构造地层学和月球地层学等等，它们的综合又导致了“综合地层学”和“全球地层学”概念的提出。所有这一切，标志着地层学研究向高度综合化方向发展。

我国的地层学和与其密切相关的古生物学早在本世纪前期的创立阶段，就涌现出一批杰出的地层古生物学家和先驱，他们的研究成果奠定了我国地层学的基础。但是大规模的进展，还是从1949年以后，尤其是随着全国中小比例尺区域地质调查的有计划开展，以及若干重大科学计划的执行而发展起来的。正像我国著名的地质学家尹赞勋先生在第一届全国地层会议上所讲：“区域地质调查成果的最大受益者就是地层古生物学。”1959年召开的中国第一届全国地层会议，总结了建国十年来所获的新资料，制定了中国第一份地层规范（草案），标志着我国地层学和地层工作进入了一个新的阶段。过了20年，地层学在国内的发展经历了几乎十年停滞以后，于1979年召开了中国第二届全国地层会议，会议在某种程度上吸收学习了国际地层学研究的新成果，还讨论制定了《中国地层指南及中国地层指南说明书》，为推动地层学在中国的发展，缩小同国际地层学研究水平的差距奠定了良好基础。这次会议以后所进行的一系列工作，包括应用地层单位的多重性概念所进行的地层划分对比研究、区域地层格架及地层模型的研究，现代地层学与沉积学相结合所进行的盆地分析以及1:5万区域地质填图方法的改进与完善等，都成为我国地层学进一步发展的强大推动力。为此，地质矿产部组织了一项“全国地层多重划分对比研究（清理）”的系统工程，在30个省、直辖市、自治区（含台湾省，不含上海市）范围内，自下而上由省（市、区）、大区和全国设立三个层次的课题，在现代地层学和沉积学理论指导下，对以往所建立的地层单位进行研究（清理），追溯地层单位创名的沿革，重新厘定单位含义、层型类型与特征、区域延伸与对比，消除同物异名，查清同名异物，在大范围内建立若干断代岩石地层单位的时空格架、编制符合现代地层学含义的新一代区域地层序列表，并与地层多重划分对比研究工作同步开展了省（市、区）和全国两级地层数据库的研建，对巩固地层多重划分对比研究（清理）成果，为地层学的科学化、系统化和现代化发展打下了良好基础。这项研究工作在部、省（市、区）各级领导的支持关怀下，全体研究人员经过5年的艰苦努力已圆满地完成了任务，高兴地看到许多成果已陆续要出版了。这项工作涉及的范围之广、参加的单位及人员之多、文件的时间跨度之长，以及现代科学理论与计算机技术的应用等各方面，都可以说是在我国地层学工作不断发展中具有里程碑意义的。这项研究中不同层次成果的出版问世，不仅对区域地质调查、地质图件的编测、区域矿产普查与勘查、地质科研和教学等方面都具有现实的指导作用和实用价值，而且对我国地层学的发展和科学化、系统化将起到积极的促进作用。

首次组织实施这样一项规模空前的全国性的研究工作，尽管全体参与人员付出了极大的辛勤劳动，全国项目办和各大区办进行了大量卓有成效和细致的组织协调工作，取得了巨大的成绩，但由于种种原因，难免会有疏漏甚至失误之处。即使这样，该系列研究是认识地层学真理长河中的一个相对真理的阶段，其成果仍不失其宝贵的科学意义和巨大的实用价值。我相信经过广大地质工作者的使用与检验，在修订再版时，其内容将会更加完美。在此祝贺这一系列地层研究成果的公开出版，它必将发挥出巨大社会经济效益，为地质科学的发展做出新的贡献。

程裕淇

前　言

地层学在地质科学中是一门奠基性的基础学科，是基础地质的基础。自从19世纪初由W. 史密斯奠定的基本原理和方法以来的一个半世纪中，地层学是地质科学中最活跃的一个分支学科，对现代地质学的建立和发展产生了深刻的影响，作出了不可磨灭的贡献，特别是在20世纪60年代由于板块构造学说兴起引发的一场“地学革命”，其表现更为显著。随着板块构造学的确立，沉积学和古生态学的发展，地球历史和生物演化中的灾变论思想的复兴和地质事件概念的建立，使地层学的分支学科，如时间地层学、生态地层学、地震地层学、同位素地层学、气候地层学、磁性地层学、定量地层学和构造地层学等像雨后春笋般地蓬勃发展，这种情况必然对地层学、生物地层和沉积地层等的传统理论认识和方法提出了严峻的挑战。经过20年的论战，充分体现当代国际地质科学先进思想的《国际地层指南》（英文版）于1976年见诸于世，之后在不到20年的时间里又于1979、1987、1993年连续三次进行了修改补充，陆续补充了《磁性地层极性单位》、《不整合界限地层单位》，以及把岩浆岩与变质岩等作为广义地层学范畴纳入地层指南而又补充编写了《火成岩和变质岩岩体的地层划分与命名》等内容。

国际地层学上述重大变革，对我国地学界产生了强烈冲击，十年动乱形成的政治禁锢被打开，迎来了科学的春天，先进的科学思潮像潮水般涌来，于是在1980年第二届全国地层工作会议上通过并公开出版了《中国地层指南及中国地层指南说明书》，阐述了地层多重划分概念。于1983年按地层多重划分概念和岩石地层单位填图在安徽区调队进行了首次试点。1985年《贵州省区域地质志》中地层部分吸取了地层多重划分概念进行撰写。1986年地质矿产部设立了“七五”重点科技攻关项目——“1:5万区调中填图方法研究项目”，把以岩石地层单位填图，多重地层划分对比，识别基本地层层序等现代地层学和现代沉积学相结合的内容列为沉积岩区区调填图方法研究课题，从此拉开了新一轮1:5万区调填图的序幕，由试点的贵州、安徽和陕西三省逐步推向全国。

1:5万区调填图方法研究试点中遇到的最大问题是如何按照现代地层学的理论和方法来对待与处理按传统理论和方法所建立的地层单位？如果维持长期沿用的按传统理论建立的地层单位，虽然很省事，但是又如何体现现代地层学和现代沉积学相结合的理论与方法呢？这样就谈不上紧跟世界潮流，迎接这一场由板块构造学说兴起所带来的“地学革命”。如果要坚持这一技术领域的革命性变革，就要下决心花费很大力气克服人力、财力和技术性等方面的重重困难，对长期沿用的不规范化的地层单位进行彻底的清理。经过反复研究比较，我们认识到科学技术的变革也和社会经济改革的潮流一样是不可逆转的，只有坚持改革才能前进，不进则退，否则就将被历史所淘汰，别无选择。在这一关键时刻，地质矿产部和原地矿部直管局领导作出了正确决策，从1991年开始，从地勘经费中设立一项重大基础地质研究项目——全国地层多重划分对比研究项目，简称全国地层清理项目，开始了一场地层学改革的系统工程，在全国范围内由下而上地按照现代地层学的理论和方法对原有的地层单位重新明确其定义、划分对比标准、延伸范围及各类地层单位的相互关系，与此同时研建全国地层数据库，巩固地层清理成果，推动我国地层学研究和地层单位管理的规范化和现代化，指导当前和今后一个时期1:5万、1:25万等区调填图等，提高我国地层学研究水平。1991年地质矿产部原直管局将地层清理作为部指令性任务以地直发（1991）005号文和1992年以地直发（1992）014号文下发了《地矿部全国地层多重划分对比（清理）研究项目第一次工作会议纪要》，明确了各省（市、自治区）地质矿产局（厅）清理研究任务，并于1993年2月补办了专项地勘科技项目合同（编号直科专92-1），并明确这一任务分别设立部、大区和省（市、自治区）三级领导小组，实行三级管理。

部级成立全国项目领导小组

组长	李廷栋	地质矿产部副总工程师
副组长	叶天竺	地质矿产部原直管局副局长
	赵　逊	中国地质科学院副院长

成立全国地层清理项目办公室，受领导小组委托对全国地层清理工作进行技术业务指导和协调以及经常性业务组织管理工作，并设立在中国地质科学院区域地质调查处（简称区调处）。

项目办公室主任	陈克强	区调处处长，教授级高级工程师
副主任	高振家	区调处总工，教授级高级工程师
	简人初	区调处高级工程师
专家	张守信	中国科学院地质研究所研究员
	魏家庸	贵州省地质矿产局区调院教授级高级工程师
成员	姜　义	区调处工程师
	李　忠	会计师
	周统顺	中国地质科学院地质研究所研究员

大区一级成立大区领导小组，由大区内各省（市、自治区）局级领导成员和地科院沈阳、天津、西安、宜昌、成都、南京六个地质矿产研究所各推荐一名专家组成。领导小组对本大区地层清理工作进行组织、指导、协调、仲裁并承担研究的职责。下设大区办公室，负责大区地层清理的技术业务指导和经常性业务技术管理工作。在全国项目办直接领导下，成立全国地层数据库研建小组，由福建区调队和部区调处承担，负责全国和省（市、自治区）二级地层数据库软件开发研制。

各省（市、自治区）成立省级领导小组，以省（市、自治区）局总工或副总工为组长，有区调主管及有关处室负责人组成，在专业区调队（所、院）等单位成立地层清理小组，具体负责地层清理工作，同时成立省级地层数据库录入小组，按照全国地层数据库研建小组研制的软件及时将本省清理的成果进行数据录入，并检验软件运行情况，及时反馈意见，不断改善和优化软件。在全国地层清理的三个级次的项目中，省级项目是基础，因此要求各省（市、自治区）地层清理工作必须实行室内清理与野外核查相结合，清理工作与区调填图相结合，清理与研究相结合，地层清理与地层数据库建立相结合，“生产”单位与科研教学单位相结合，并强调清理人员要用现代地层学和现代沉积学的理论武装起来，彻底与传统观点决裂，统一标准内容，严格要求，高标准地完成这一历史使命。实践的结果，凡是按上述五个相结合去做的效果都比较好，不仅出了好成果，而且通过地层清理培养锻炼了一支科学技术队伍，从总体上把我国区调水平提高到一个新台阶。

三年多以来，参加全国地层清理工作的人员总数达400多人，总计查阅文献约24 000份，野外核查剖面约16 472.6 km，新测剖面70余条约300 km，清理原有地层单位有12 880个，通过清查保留的地层单位约4721个（还有省与省之间重复的），占总数36.6%，建议停止使用或废弃的单位有8159个（为同物异名或非岩石地层单位等），占总数63.4%，清查中通过实测剖面新建地层单位134个，占总数2.8%。与此同时研制了地层单位的查询、检索、命名和研究对比功能的数据库，通过各省（市、自治区）数据录入小组将12 880个地层单位（每个单位5张数据卡片）和10 000多条各类层型剖面全部录入，首次建立起全国30个（不含上海市）省（市、自治区）基础地层数据库，为全国地层数据库全面建成奠定了坚实的基础。从1994年7月—11月，分七个片对30个省（市、自治区）地层清理成果报告及数据库的数据录入进行了评审验收，到1994年底可以说基本上完成了省一级地层清理任务。1995—1996年将全面完成大区和总项目的清理研究任务。由此可见，这次全国地层清理工作无论是参加人数之多，涉及面之广，新方法新技术的应用以及理论指导的高度和研究的深度都可以堪称中国地层学研究的第三个里程碑。这一系统工程所完成的成果，不仅是这次直接参加清理的400多人的成果，而且亦应该归功于全国地层工作者、区域地质调查者、地层学科研与教学人员以及为地层工作做过贡献的普查勘探人员。全国地层清理成果的公开出版，必将对提高我国地层学研究水平，统一岩石地层划分和命名指导区调填图，加强地层单位的管理以及地质勘察和科研教学等方面发挥重要的作用。

鉴于本次地层清理工作和地层数据库的研建是过去从未进行过的一项研究性很强的系统工程，涉及的范围很广，时间跨度长达100多年，参加该项工作的人员多达300~400人，由于时间短，经费有限，人员水平不一，文献资料掌握程度等种种主客观原因，尽管所有人员都尽了最大努力，但是在本书中少数地层单位的名称、出处、命名人和命名时间等不可避免地存在一些问题。本书中地层单位名称出现的“岩群”、“岩组”等名词，是根据1990年公开出版的程裕淇主编的《中国地质图（1:500万）及说明书》所阐述的定义。为了考虑不同观点的读者使用，本书对有“岩群”、“岩组”的地层单位，均暂以（岩）群、（岩）组处理。如鞍山（岩）群、迁西（岩）群。总之，本书中存在的错漏及不足之处，衷心地欢迎广大读者提出宝贵意见，以便今后不断改正和补充。

在30个省（市、自治区）地层清理系统成果即将公开出版之际，我代表全国地层清理项目办公室向参加30个省（市、自治区）地层清理、数据库研建和数据录入的同志所付出的辛勤劳动表示衷心的感谢和亲切的慰问。在全国地层清理项目立项过程中，原直管局王新华、黄崇轲副局长给予了大力支持，原直管局局长兼财务司司长现地矿部副部长陈洲其在项目论证会上作了立项论证报告，在人、财、物方面给予过很大支持；全国地层委员会副主任程裕淇院士一直对地层清理工作给予极大的关心和支持，并在立项论证会上作了重要讲话；中国地质大学教授、全国地层委员会地层分类命名小组组长王鸿祯院士是本项目的顾问，在地层清理的指导思想、方法步骤及许多重大技术问题上给予了具体的指导和帮助；中国地质大学教授杨遵仪院士对这项工作热情关心并给以指导；中国地质科学院院长、部总工程师陈毓川研究员参加了第三次全国地层清理工作会议并作了重要指示与鼓励性讲话；部科技司姜作勤高工，计算中心邬宽廉、陈传霖，信息院赵精满，地科院刘心铸等专家对地层数据库设计进行评审，为研建地层数据库提出许多有意义的建议。中国科学院地质研究所，南京古生物研究所，中国地质科学院地质研究所，天津、沈阳、南京、宜昌、成都和西安地质矿产研究所，南京大学，西北大学，中国地质大学，长春地质学院，西安地质学院等单位的知名专家、教授和学者，各省（市、自治区）地矿局领导、总工程师、区调主管、质量检查员和区调队、地研所、综合大队等单位的区域地质学家共600余人次参加了各省（市、自治区）地层清理研究成果和六个大区区域地层成果报告的评审和鉴定验收，给予了友善的帮助；各省（市、自治区）地矿局（厅）、区调队（所、院）等各级领导给予地层清理工作在人、财、物方面的大力支持。可以肯定，没有以上各有关单位和部门的领导和众多的专家教授对地层清理工作多方面的关心和支持，这项工作是难以完成的。在30个省（市、自治区）地层清理成果评审过程中一直到成果出版之前，中国地质大学出版社，特别是以褚松和副社长和刘粤湘编辑为组长的全国地层多重划分对比研究报告编辑出版组为本套书编辑出版付出了极大的辛苦劳动，使这一套系统成果能够如此快地、规范化地出版了！在全国项目办设在区调处的几年中，除了参加项目办的成员外，区调处的陈兆棉、其和日格、田玉莹、魏书章、刘凤仁多次承担地层清理会议的会务工作，赵洪伟和于庆文同志除了承担会议事务还为会议打印文稿，于庆文同志还协助绘制地层区划图及文稿复印等工作。

在此，向上面提到的单位和所有同志一并表示我们最诚挚的谢意，并希望继续得到他们的关心和支持。

全国地层清理项目办公室（陈克强执笔）

目　　录

第一章
绪　论

一、目的与任务

“全国地层多重划分对比（清理）研究”项目是地质矿产部“八五”期间重大基础地质研究项目，由直管局负责组织实施。地直发〔1991〕005号文指出，地层划分对比研究列入1991—1995年地质勘探项目计划，按全国部署要求按时完成。“天津市地层多重划分对比研究”是上述全国地层多重划分对比研究项目中的一个子课题。

地层学是地质学领域中的基础学科，在一定时期及时按新理论、新观点和新方法清理研究已有的地层资料，这对地质找矿、区调填图和地质科学研究、教学等的进一步发展具有非常重要的意义。过去我国地层工作的重点偏重于生物地层和确定其地质时代的归属，而对地层的各种各样特征、属性及其复杂的相互关系，特别是物质组成、物理特征、岩石地层单位的科学划分与准确的时、空存在状态等研究不够。由于新化石的发现，年代解释的变化，或不同单位不同人的解释差别，地层的划分命名一直在不停的变动，长期争论不休。不同图幅或不同年份的地质图，对同名地层单位的划分可能相差很大，甚至根本不同，或对同一地层单位给予不同的命名，严重影响了对客观地质体的全面认识和深入研究。因此，及时开展全国性的地层清理研究工作，具有十分重要的意义。

本次地层清理研究的目的和任务是：

(1) 根据地层多重划分观点和新成果、新认识，重新明确天津市现有地层单位的划分、对比标准、定义、延伸范围及各类地层单位的相互关系，提高科学性，消除混乱，使大家在地层单位的划分、命名、理解和应用上有共同的语言。

(2) 通过天津市地层数据库的建立，促进地层学研究和地层单位划分与管理的规范化、现代化。

(3) 及时指导本市的1∶5万区调填图（浅覆盖区）和今后可能开展的中、小比例尺地质填图工作，提高天津市区域地层研究程度和水平，使之能够与邻区接轨。

二、区域地层发育概况及地层区划

天津市位于我国华北平原东北部，北靠燕山山脉，东邻渤海湾，面积11 305 km²。本区绝大部分地区被第四系掩盖，基岩露头仅局限于蓟县北部，出露面积 727 km^2，占天津市总面积的 6.4%，构造分区属于塔里木-中朝板块（李春昱，1982），地层以中—晚元古代地层为主，零星见有太古宙变质岩和早古生代地层。在广大的覆盖区，根据钻探和地球物理资料，第四系之下，发育中—晚元古代至第三纪地层。本区地层序列见表 1-1。

表 1-1 天津市岩石地层单位序列表（中元古代—第三纪）

地质年代 代	纪	世	岩石地层单位
新生代	第三纪	上新世	明化镇组
		中新世	馆陶组
		渐新世	东营组
		始新世	沙河街组
			孔店组
		古新世	
中生代	白垩纪	晚世	
		早世	南天门组
	侏罗纪	晚世	九佛堂组
			义县组
		中世	土城子组
			髫髻山组
			九龙山组
			下花园组
		早世	
	三叠纪	晚世	
		中世	
		早世	
古生代	二叠纪	晚世	石千峰群
			石盒子组
		早世	月门沟群 山西组
	石炭纪	晚世	月门沟群 太原组
		中世	月门沟群 本溪组
			湖田段
		早世	
	志留—泥盆纪		
	奥陶纪	晚世	
		中世	马家沟组
		早世	贾汪段
			亮甲山组
			冶里组
	寒武纪	晚世	炒米店组
			崮山组
		中世	张夏组
		早世	馒头组
			昌平组
晚元古代	震旦纪		
	青白口纪		景儿峪组
			龙山组
			下马岭组
中元古代	蓟县纪		铁岭组
			洪水庄组
			雾迷山组
			杨庄组
	长城纪		高于庄组
			大红峪组
			团山子组
			串岭沟组
			常州沟组

太古宙地层出露于天津市东北隅，面积仅 45 km^2，属冀东太古宙高级变质区的边缘部分，是本区最古老的结晶基底，与上覆地层呈明显的角度不整合接触。主要的岩石类型有：角闪斜长片麻岩、二长片麻岩、角闪岩及斜长角闪岩、石榴角闪岩及石榴斜长角闪岩、辉石岩及斜长辉石岩、石榴辉石岩及石榴斜长辉石岩、麻粒岩、变粒岩、浅粒岩、石英岩、磁铁石英

岩等。其中以角闪斜长片麻岩为主体，二长片麻岩次之。

中—晚元古代地层主要是一套以未变质或轻微变质的地台型海相、泻湖相富镁碳酸盐岩为主及碎屑岩、粘土岩所组成。在蓟县北部山区出露良好，序列清楚，构造简单，厚度巨大，为该断代层型剖面所在地。

寒武纪—奥陶纪地层主要是陆表浅海碳酸盐岩和少量泥砂质的沉积，总厚度为1 068.5～1 696 m①，仅在蓟县北部山区见有少量露头，余者均为中、新生代地层所覆盖。

石炭纪—三叠纪地层本区没有出露，全部为中、新生代地层所覆盖，而且由于遭受构造运动的影响，普遍存在程度不同的剥蚀。岩性由下部的海陆交互含煤建造向上逐渐过渡为内陆盆地以河湖、沼泽相含煤碎屑岩和内陆红色、杂色碎屑岩夹铝土质泥岩的沉积。下部以含䗴类等海相动物化石为特征，上部以产植物化石为主，厚度一般为650～1 000 m。

侏罗纪—白垩纪地层本区没有出露，全部为第三纪或第四纪地层所覆盖，为一套复杂的陆相火山-沉积岩系，主要为中基性火山岩建造、碎屑岩建造及含煤碎屑岩建造，它们堆积在本区中、小型凹陷或断陷盆地内，堆积序列发育不完整，研究程度低。

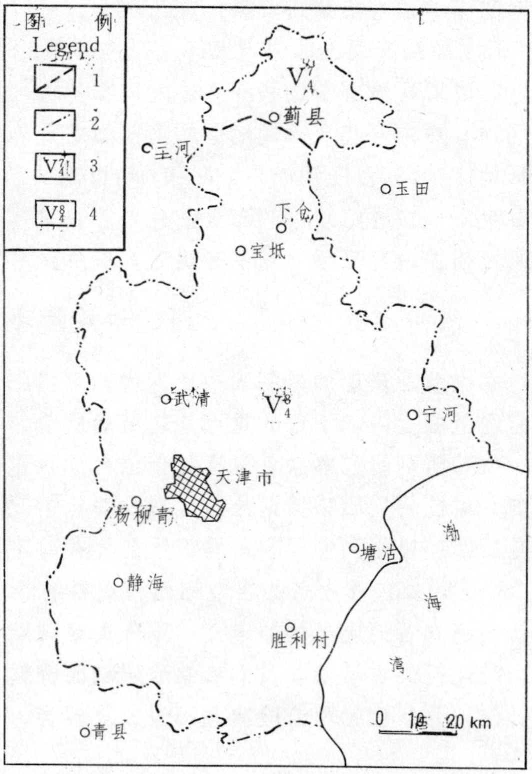

图1-1 天津市地层综合区划图

1. 地层分区界线；2. 市界；3. 燕辽地层分区；4. 华北平原地层分区

新生代地层分布广泛，第三纪地层主要分布于宁河-宝坻断裂以南的华北平原分区，没有直接出露，为陆相含油泥砂质堆积，间夹有玄武岩层，厚500～7 000 m。第四纪地层沉积多样，主要为河流相、河湖相、沼泽相、海相松散碎屑堆积，厚200～400 m左右，含孢粉、有孔虫、介形虫、双壳类及哺乳动物化石。

根据区域地质构造特征和岩石地层发育的总特征并参考邻区综合地层区划方案，本区分属晋冀鲁豫地层区（V_4）的燕辽地层分区（V_4^7）和华北平原地层分区（V_4^8）（图1-1）。蓟县以北属燕辽分区，为我国中—晚元古代地层发育的经典地区。蓟县以南属华北平原分区，由于新生代强烈断陷，发育了巨厚的新生代地层。新生代地层之下元古宙至中生代地层均有揭露。中—晚元古代地层在沧县隆起和黄骅坳陷构造部位普遍缺失洪水庄组至下马岭组的沉积，龙山组直接覆于雾迷山组之上；寒武纪—奥陶纪、石炭纪—三叠纪地层较发育；中小型凹陷和断陷盆地内见有侏罗纪—白垩纪陆相火山-碎屑岩堆积。

① 本区地层厚度，除中—晚元古代地层外，均为钻孔厚度，未加校正。

三、地层清理遵循的原则

(1) 认真贯彻执行全国地层多重划分对比（清理）研究项目总体设计和全国项目办公室的一系列指示精神，服从华北大区项目办公室的组织、协调、领导。

(2) 为达到有限的目标，本次清理工作要保证重点。本区各断代地层的研究程度相差很大，“蓟县剖面”作为中国的标准剖面和国际层型候选剖面，已按现代地层学的要求进行了详细的研究，石炭纪—二叠纪地层只在局部地区作过煤田地质详勘和精查，第三纪地层因勘探开发石油天然气的需要作过较详细的研究，其它时代地层只随地热勘探、水文普查而作过一般性的地质工作，难以进行全面的清理，因此本区的地层清理不搞一刀切，工作程序必须有粗有细，研究程度有深有浅，清理的重点放在中—晚元古代，在保证重点的前提下，兼顾地下地层，尽量收集钻孔资料，并清理。

(3) 地层清理工作应与天津市正在开展的基岩浅埋区1∶5万区调工作相结合，及时提供信息，以岩石地层单位编制基岩地质图，按现代地层学观点进行地层多重划分与对比研究。

(4) 对中—晚元古代地层层型剖面的野外核查，应充分利用围绕“蓟县剖面”而开展的蓟县地区1∶5万区调成果，采用一切可用的已有资料，利用基岩浅埋区1∶5万区调机会，核查石炭纪—二叠纪地层的部分钻孔岩芯，采取实物标本和测试样品。如层型及主要参考剖面的原始描述内容已陈旧或不准确时，应尽量补充新的内容，以满足现代地层学的要求。

四、地层清理的范围和内容

本次地层清理的范围为中元古代—第三纪地层，太古宙变质岩和第四纪松散沉积地层不在清理范围之内，清理的重点是岩石地层单位，清理工作的内容为：

(1) 清理研究本区各类地层单位名称，包括：名称出处，原始定义，划分标准及其演变历史，单位的地质特征，分布范围及变化情况，各地层单位间的相互关系。经多重划分对比研究后，应提出同物异名，异物同名，并对不采用的地层名称提出建议。

(2) 野外核查立名的层型剖面和重要的参考剖面，阐明这些剖面所在的地质、地理概况，重新明确岩石地层单位的定义、划分及区域展布、变化情况。

(3) 搜集本市及涉及本市的地层剖面资料，按照项目统一要求，填制地层卡片。

(4) 分断代编写地层清理研究成果报告。

五、基本工作方法和步骤

把认真学习《中国地层指南及中国地层指南说明书》、《国际地层指南》和《1∶50 000区调填图方法研究》的原则贯彻项目始终。不断地逐步掌握地层多重划分概念、原则、方法和要求，严格按照地层工作程序办事，随时注意克服统一地层划分观点的影响。具体工作大致可分为下面几个阶段：

1992年“全国地层多重划分对比研究”项目第一次工作会议以后，根据天津市地质矿产局津地任［1992］03号文，组建天津市地层清理小组，编写工作设计，搜集本区与涉及本区的地层剖面资料，编制文献资料索引，按会议下发的地层卡片格式填写地层工作卡片。

1993年“全国地层多重划分对比研究”项目第二次工作会议以后，本区清理工作全面展开，优先清理研究本区中—晚元古代立名的岩石地层单位正层型及参考剖面，将研究成果以成果卡片形式及时提供华北大区讨论交流，听取邻省、市意见，参加华北大区第三次工作会议验收。下半年开始筹建数据库工作，落实微机、人员，并参加全国地层数据库数据录入学习班。

1994年主要任务是填写其它岩石地层单位地层卡片、数据录入和分断代编写研究报告。于1994年9月完成送审前的准备工作，10月份成果验收。

1995年6月完成书稿，经局项目领导小组审查后交付出版。

整体工作虽有阶段划分，但具体工作又互有交叉。野外核查是根据条件和时机安排的，资料搜集和卡片填写、修改与其它工作穿插进行。

六、参加工作的人员分工以及完成本项工作的起讫时间

本项目自1992年4月立项，1994年10月评审验收，1995年6月提交出版，全部工作历时3年2个月。

本项目技术指导由天津地质矿产研究所陈晋镳研究员担任。项目负责人1992年4—10月为田树信，1992年10月以后由翟子梅担任。成果报告由田树信、翟子梅编写。地层数据库由翟子梅建立。周志勇参加了本项目前期设计编写、资料搜集和地层单位填卡。

天津市地质矿产局李明朗总工程师，李凤忠副总工程师，原局副总工程师李世伟，地勘处处长、高级工程师张治兴和天津市地质调查研究所总工程师陈东杰从始至终领导、组织和协调了地层清理工作。

七、完成的主要工作量及主要工作成果

本区完成的主要工作量见表1-2。

表1-2　工作量统计一览表

项目	内容	单位	数量	备注
野外核查	剖面（中—上元古界）	km^2	13	
	钻孔（石炭、二叠系）	个	4	
	岩石薄片	件	21	
	化学样	件	7	
	岩矿标本	块	60	
收集剖面	剖面	条	61	
	钻孔	个	555	
选用剖面	剖面	条	33	
	钻孔	个	27	
修定后的岩石地层单位登记卡片	Ⅰ卡	张	40	
	Ⅱ卡	张	36	
	Ⅲ卡	套	40	
	Ⅳ卡	张	205	
	Ⅴ卡	张	49	
不采用的地层单位登记卡片		张	24	
微机录入	全部卡片			
磁盘	1套			

通过地层清理本区取得的工作成果主要有以下几点：

（1）填制了中元古代—第三纪岩石地层单位成果卡片。

（2）按总体设计要求对中元古代—第三纪进行岩石地层单位清理，提出相应的建议使用的岩石地层单位名称2群36组2段，均为华北大区统一使用的岩石地层名称，它们分别是：中—晚元古代共12个组级岩石地层单位：常州沟组、串岭沟组、团山子组、大红峪组、高于庄组、杨庄组、雾迷山组、洪水庄组、铁岭组、下马岭组、龙山组和景儿峪组。

早古生代8个组级岩石地层单位：昌平组、馒头组、张夏组、崮山组、炒米店组、冶里组、亮甲山组和马家沟组；1个段级岩石地层单位：贾汪段。

晚古生代至早三叠世2个群级岩石地层单位：月门沟群、石千峰群；4个组级岩石地层单位：本溪组、太原组、山西组和石盒子组；1个段级岩石地层单位：湖田段。

侏罗纪—白垩纪7个组级岩石地层单位：下花园组、九龙山组、髫髻山组、土城子组、义县组、九佛堂组和南天门组。

第三纪5个岩石地层单位：孔店组、沙河街组、东营组、馆陶组和明化镇组。

在组级岩石地层单位中有10个组的命名及正层型在天津市，分别是：常州沟组、串岭沟组、团山子组、大红峪组、高于庄组、杨庄组、雾迷山组、洪水庄组、铁岭组和景儿峪组。

本区不采用的地层单位名称24个，参见附录Ⅲ。

（3）创建天津市中元古代—第三纪岩石地层数据库。

（4）编写了天津市地层多重划分对比研究报告（天津市岩石地层）。

第二章
中—晚元古代

天津市的中—晚元古代地层出露于蓟县北部地区，层型剖面位于蓟县城北。蓟县剖面作为我国北方中—上元古界的层型，同时也是国际层型候选剖面之一，早已被国内外所熟知。其底界不整合在太古宙变质岩之上，顶界被寒武系所覆盖，为一套未变质或轻微变质的地台型富镁碳酸盐岩、碎屑岩、粘土岩，夹少量超钾质火山岩。其出露良好，序列清楚，构造简单，总厚约 9200 m。富含叠层石和微体化石。赋存有工业价值的锰（硼）、紫砂陶土、水泥灰岩等矿产。此外，平原地区新生代地层之下的基岩中也有分布（图 2-1）。

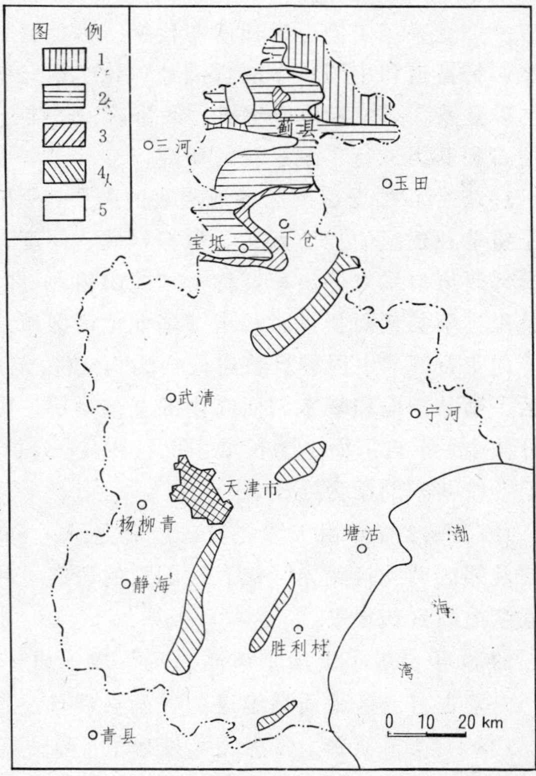

图 2-1 天津市中—晚元古代地层分布图

1. 长城纪地层；2. 蓟县纪地层；3. 青白口纪地层；4. 中—晚元古代地层；5. 其它时代地层和岩石

燕山地区的中—晚元古代地层的研究始于 19 世纪后期。1931—1934 年高振西、熊永先、高平在蓟县城北至兴隆一带进行地质调查时，发现蓟县城北“震旦系”厚度巨大，著文发表《中国北部震旦纪地层》，建议将蓟县剖面作为我国“震旦系”的标准剖面，提出系统的划分命名方案，将其划分为 10 个地层单元，自下而上为长城石英岩、串岭沟页岩、大虹峪石英岩夹安山岩流、高于庄灰岩、杨庄红色页岩、雾迷山灰岩、洪水庄页岩、铁岭灰岩、下马岭页岩和景儿峪灰岩。在高氏等的命名中除下马岭一名沿用叶良辅等（1920）的命名外，其余名称均选自蓟县城北山区的地名。这一划分方案被广大地质工作者所接受，长时间以来一直是中—晚元古代地层的划分基础。

50 年代，许多专家学者对蓟县和燕山的“震旦系”做了大量的工作，在这期间本区最重要的进展是孙云铸等着重研究了“震旦系”与寒武系的界线，发现了景儿峪组与寒武系之间的不整合，它所代表的地壳运动被命名为“蓟县运动”，标准地点在蓟县城北的府君山。

1959 年第一次全国地层会议，肯定了北方中—上元古界最发育的地区是燕山，标准地点在蓟县。将以蓟县剖面为代表的北方“震旦系”自下而上分为长城统、蓟县统和青白口统，分别以 Z_1、Z_2、Z_3 表示。当时认为它的时代范畴，顶界时限大致为 500 Ma，长城统的时限至少大于 1 000 Ma。高振西等所建 10 个岩性单元分别改称为组，其中长城石英岩改称黄崖关组。

1964 年召开的蓟县震旦系现场学术讨论会，是自第一次全国地层会议之后对燕山震旦系研究的一次概括和总结。从岩石地层学、古生物地层学、同位素年代学和地球化学对蓟县剖面进行了系统的研究。对蓟县“震旦系”的划分和命名提出了修改意见，将原来的 10 个组改为 11 个组，原串岭沟组上部的碳酸盐岩单独分出，另建团山子组，黄崖关组（常州村组）改称常州沟组。

1964—1965 年，河北省区域地质测量大队（下简称河北省区测大队）在本区北部开展了 K-50-XXXXⅣ（兴隆）幅、J-50-Ⅳ（宝坻）幅（北部）区域地质调查。

从 1973 年中国地质科学院编制亚洲地质图开始，本区和全国的震旦纪地层研究进入了新阶段。广泛采用了同位素地质年代学、古地磁学和生物地层学等方法，取得了一系列的重要进展，钟富道和中国科学院贵阳地球化学研究所（下简称贵阳地化所）编制了燕山为主的北方“震旦系”同位素地质年表。邢裕盛、刘桂芝、曹瑞骥、梁玉左对“震旦系”的微古植物、叠层石和藻类进行了较系统的研究。

1975 年，根据编制区域地层表的需要，召开了华北区前寒武纪地层专业会议。重申了团山子组单独建组的地质意义。根据岩性、厚度、分布以及其它岩石地层学特点，将景儿峪组的下部碎屑岩系划分出来，称为“龙山组”。并由陈晋镳据 1963—1964 年原始记录和小结资料整理出蓟县剖面描述，载于《华北地区区域地层表·河北省、天津市分册（一）》。

同年召开“中国震旦系讨论会”，会议决定采用“震旦亚界”这一临时性的地层名称，它包括了蓟县剖面和峡东剖面在内的全部地层。其下限 1 700 Ma 左右，上限即寒武系底界。内部分 4 个系，自下而上为长城系、蓟县系、青白口系和震旦系。前三个系以蓟县剖面为层型，震旦系以峡东剖面为层型。

1978—1979 年由天津地质矿产研究所（下简称天津地矿所）等 6 个单位，完成了天津市蓟县及邻区“震旦亚界”代表性剖面的研究，补充了大量新资料，将本区中—上元古界的研究程度提高到新水平。

1979 年出版了由国家地质总局天津地质矿产研究所、中国科学院南京地质古生物研究所、内蒙古自治区地质局编著的《蓟县震旦亚界叠层石的研究》一书。

1980 年，陈晋镳、张惠民等发表了《蓟县震旦亚界的研究》一文，对蓟县“震旦亚界”的研究做了系统全面的总结。

1982 年，晚前寒武纪地层分类命名会议决定废除“震旦亚界”一名，改为中—上元古界。中元古界暂时划分为长城系、蓟县系，上元古界划分为青白口系和震旦系。以蓟县为代表的晚前寒武纪地层自下而上分别沿用长城系、蓟县系、青白口系三个年代地层单位名称，“震旦系”一名限用于湖北长江三峡东部剖面为代表的一段晚前寒武纪地层。

80 年代以来，天津地矿所对蓟县剖面继续深入研究，研究领域涉及古生物学、古地磁学、同位素年代学、地球化学、岩石地层学。发表文章的有：张鹏远、张文治、李普、赵震、罗其玲、闫玉忠、于荣炳、张学祺、王长尧、任富根、李增惠、陆松年等。

1986—1990 年，天津市地质调查研究所（下简称天津市地调所）在蓟县剖面两侧开展了 1∶5 万区域地质调查。

1989 年 12 月全国地层委员会召开“中国元古时期地层分类命名会议”，重点讨论了：元古代或元古界改称元古宙或元古宇及其上、下界线或界线年龄等问题；元古宙（宇）内部划分，界限（线）年龄及其名称问题；各单元符号问题。会议决定：取消我国现用的元古时期一级年代及年代地层单位“代”和“界”的术语，采用国际前寒武纪分会的建议的术语“宙”和“宇”，下界约 2 500 Ma，上界暂定为约 600 Ma；元古宙三分，但按我国习惯称早、中、晚元古代及对应的下、中、上元古界。早、中元古代的界限年龄为 1 800 Ma，中、晚元古代的界限年龄为 1 000 Ma。长城纪、蓟县纪、青白口纪和震旦纪 4 个年代和年代地层单位名称及代号继续沿用；元古宇的代号沿用 Pt，下、中、上元古界的代号沿用 Pt_1、Pt_2 和 Pt_3。

1992 年出版了《天津市区域地质志》，其中对中—上元古界的研究成果作了综述，地球化学研究取得了新的进展。

经本次地层对比研究，将本区中—晚元古代地层共划分为 12 个组，其主要沿革见表 2-1。

第一节　岩石地层单位

常州沟组　Chĉ　（12-0001）

【创名及原始定义】　常州沟组是 1964 年蓟县震旦系现场学术讨论会所创立①。创名地点在蓟县下营镇常州沟。原始定义：由一套砾岩、粗砂岩、石英岩状砂岩、石英岩和少量的细砂岩组成。共分三个段：第一段包括两个由砾岩到粗砂岩旋回；第二段、第三段各包括一个由砾岩到石英岩状砂岩或石英岩的旋回。

【沿革】　常州沟组，1934 年高振西等称之为“长城石英岩”，为蓟县剖面最下部的一个岩石地层单元，原意系指变质地层之上，页岩之下的一套砾岩和石英岩状砂岩。1958 年申庆荣等称其为长城层。1959 年第一次全国地层会议后改称黄崖关组。1964 年，俞建章等认为“长城石英岩”在近黄崖关处因断层关系没有出露，蓟县剖面的长城石英岩在蓟县下营镇常州村出露最好，一般人也都以该处作为“长城石英岩”的标准剖面，建议用常州村这一地名命名，将黄崖关组改称为常州村组，由于常州村居房分散，且多坐落在太古界片麻岩之上，同年蓟县震旦系现场学术讨论会遂决定将常州村组改用常州沟组。《华北地区区域地层表·河北省、天津市分册（一）》、《河北省北京市天津市区域地质志》、《天津市区域地质志》等文献使用至今。

【现在定义】　为不整合于太古宙变质岩之上，中元古界底部的一套碎屑岩。下部为砾岩、含砾粗砂岩、长石石英砂岩、石英砂岩；上部为石英岩状砂岩夹砂岩和砂质页岩。其底部以紫红色砾岩与下伏地层分界；顶为细砂岩和砂质页岩互层，与上覆串岭沟组为连续过渡关系，当以页岩为主时划为串岭沟组。

【层型】　正层型剖面位于天津市蓟县常州村—青山岭（117°31′00″，40°13′00″）（据季幼

① 华北地质科学研究所第一、三研究室震旦系岩石地层组、河北省地质局区测队，1965，河北省蓟县震旦系剖面的岩石地层学研究。蓟县震旦系现场学术讨论会议论文汇编，17—33。载于地质部华北地质科学研究所。

庭、陈守柯 1964 年测制)。

上覆地层：**串岭沟组**　暗黄绿色粉砂质页岩或泥质粉砂岩夹砂岩透镜体

——————— 整　合 ———————

常州沟组　　总厚度 859 m

二段

17. 灰绿、黄褐色板层细粒石英砂岩与黄绿色薄层砂质页岩互层　41 m
16. 灰白、粉红色中厚层石英岩状砂岩夹灰绿色薄、厚层砂岩和砂质页岩，上部石英岩状砂岩与厚层砂岩呈不等厚互层，以石英岩状砂岩为主，中部中粒砂岩夹层增多，单层增厚，下部以石英岩为主，夹几层细砂岩，砂岩夹层常呈扁豆状或透镜状。石英岩状砂岩和砂岩均有单向帚状交错层　105 m
15. 灰白、乳白色中厚层石英岩状砂岩，层理平直整齐，具不太发育的长帚状交错层，交错纹理由磁铁矿组成　168 m
14. 灰白、浅肉红色巨厚、块层石英岩状砂岩，夹三层 1～2 m 厚的中、细砾岩，层理呈波状，具板状单向交错层　66 m

一段

13. 浅肉红、灰白色中、厚层石英岩状砂岩，有粗大的楔形交错层和海底滑动构造　68 m
12. 灰白色中、巨厚层微含砾的细、中粒石英砂岩　52 m
11. 灰白色中厚、巨厚层中、细粒石英砂岩，见扁豆状交错层　25 m
10. 浅紫红、灰黄色中、巨厚层含中细砾石英砂岩，见粗大的扁豆状和楔形交错层，偶见舟状交错层　18 m
9. 上部为黄、浅灰色含细砾粗砂岩，具粗大的交错层；下部为浅紫红色细砾岩，交错层发育；底部为厚 2m 的浅紫红色中砾岩　56 m
8. 浅紫色石英砂岩夹浅灰色薄层扁豆状含小砾细、粉砂岩，二者均有交错层　41 m
7. 浅灰、微紫红色中厚层砂砾岩和不等粒长石石英砂岩　16 m
6. 浅紫红色厚层含细砾粗砂岩和中粒石英砂岩夹粉砂岩透镜体，交错层发育，有帚状、半羽状、透镜状和板状 4 种　33 m
5. 浅肉红色巨厚、中厚层含细砾粗粒石英砂岩夹细砂岩及粉砂岩，扁豆状交错层十分发育　110 m
4. 浅肉红色厚层砂砾岩，长扁豆状、透镜状交错层发育　33 m
3. 紫红色厚层砾岩、含砾粗粒石英砂岩组成 3 个主要往复式韵律　7 m
2. 上部为浅肉红色中粒石英砂岩，具透镜状交错层，层面不平整；下部为紫红色巨厚层含砾粗砂岩　17 m
1. 浅紫红色板层中砾岩和含砾不等粒石英砂岩，砾石主要为石英、石英岩、磁铁石英岩、角闪斜长片麻岩，砾径一般为 1×2 cm，大者 4×2 cm，最大 10×8×5 cm，向上砾径变小，含砾不等粒石英砂岩有不发育的帚状交错层　3 m

~~~~~~~~~~ 不 整 合 ~~~~~~~~~~

下伏地层：**太古宇**　浅色变粒岩、角闪斜长片麻岩

【地质特征及区域变化】　本组在常州村—青山岭剖面上可详分为两段：

一段：紫红、浅紫红色砾岩、砂砾岩为主，夹含砾粗砂岩、石英砂岩。总的来看，粒度自下而上变细，底部为褐红色古土壤残积层，厚 0.1～0.2 m。砂、砾岩结构成熟度低，分选差，碎屑多为次圆状、次棱角状，杂基含量高，属杂砂岩、杂砾岩类。岩石中发育大、小型
~~~~~~~~~~

帚状、板状斜层理、粒序层理。根据对斜层理前积层倾向的测量和统计，多为单向水流的产物。砂岩、砾岩的粒度概率累积曲线和各种粒度参数散点图均表明其属河流相。

二段：灰白、白、淡红色厚、巨厚层石英岩状砂岩为主，夹细砾岩、砂岩和砂页岩。本段底部常夹数层薄层状中、细砾岩；顶部为灰绿色板层石英砂岩与黄绿色砂质页岩互层。碎屑成分、结构成熟度均较好，磨圆度以次圆状为主，分选较好，杂基含量低，多为再生硅质胶结，属净砂岩类。砂岩中斜层理发育程度较一段相对差，上部较为发育，为大型帚状、板状斜层理，层面常见泥裂、波痕，并见水下滑动卷曲构造。石英岩状砂岩属海湾沙滩环境下的堆积。

据王长尧研究，常州沟组可划分为2个沉积旋回，8个次级韵律（图2-2）。常州沟早期

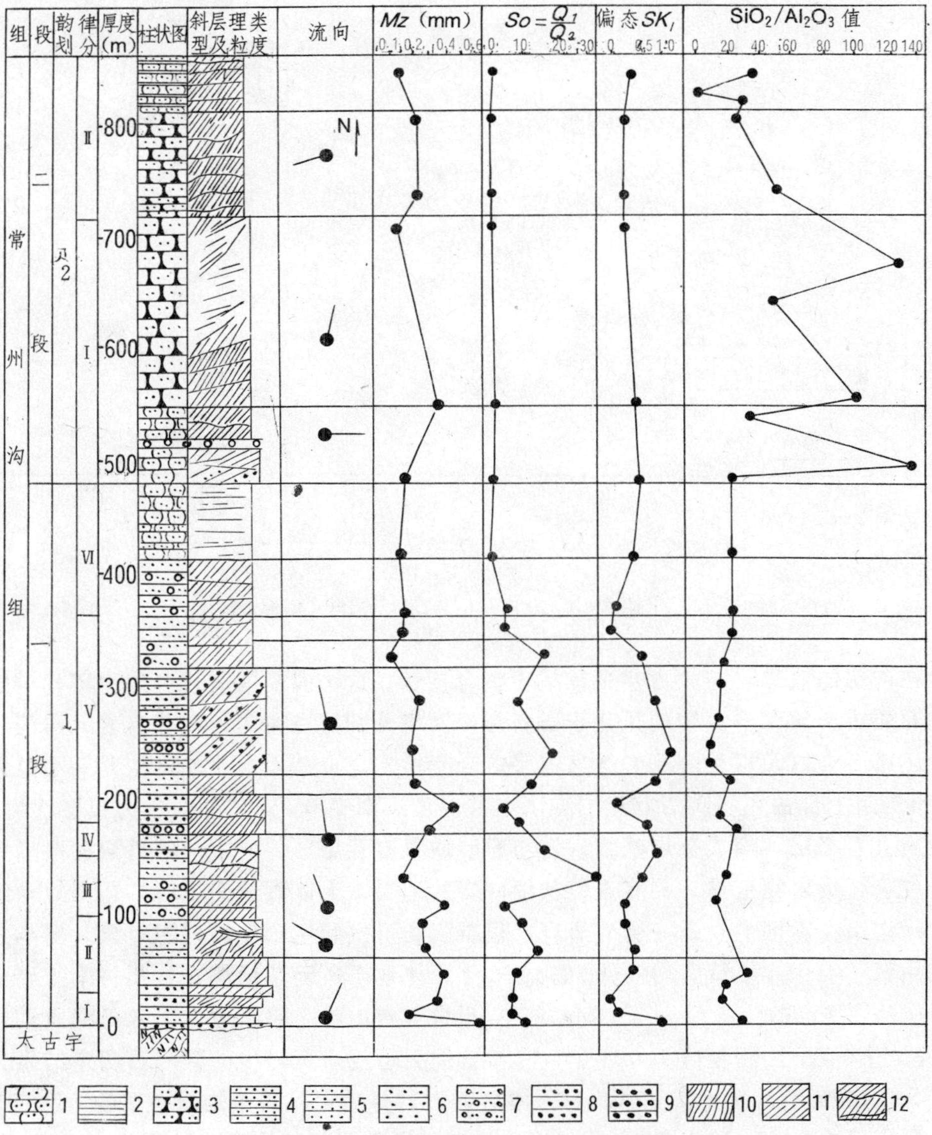

图2-2 蓟县常州沟组古河流相相序综合图

（据王长尧，1986）

1. 石英岩状砂岩；2. 粉砂质页岩；3. 石英岩；4. 粉砂岩；5. 细砂岩；6. 粗砂岩、中砂岩；7. 含砾砂岩；8. 细砾岩；9. 中砾岩；10. 帚状斜层理；11. 板状斜层理；12. 波状层理

沉积物（一段）代表了山间急流河的沉积环境，蓟县地处主河道部位，层型剖面第二层流向北东 20°，第五层下部为北西 63°，向上第五层中部、上部，第八层上部的流向均在此范围内摆动，最后接近平均值。主河道自蓟县常州沟经宽城崖门子至凌源，呈北东向展布（图 2-3）。

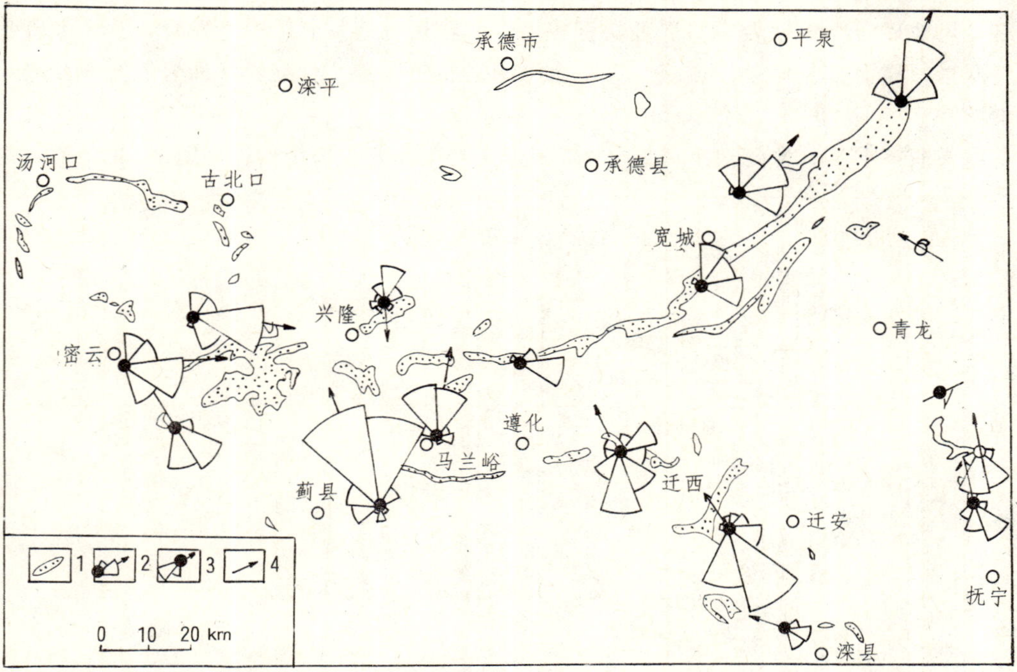

图 2-3　常州沟早期古河流流向玫瑰花图

（据王长尧，1986）

1. 常州沟组露头分布；2. 斜层理所示流向；3. 砾石所示流向；4. 测量次数少于 10 的平均流向

常州沟组的底界，与太古宇顶界呈不整合接触。这个间断面表现为厚薄不均的数十厘米的伊利石质古土壤和淋滤带的风化岩石。常州沟组分别盖在角闪斜长片麻岩、角闪岩、斜长角闪岩、辉石岩以及斜长辉石岩等太古宇古老变质岩之上。上与串岭沟组是一个过渡型的界线。常州沟组上部白色石英岩状砂岩向上单层厚度逐渐变薄，到顶部便成为板层状细砂岩，出现粉砂质页岩夹层，渐成板层状细砂岩与粉砂质页岩互层。再向上，细砂岩的厚度更薄，过渡为镜层状。页岩则变厚，夹有透镜状细砂岩的地层，当以页岩为主时，即串岭沟组开始。

常州沟组在本区主要是一套碎屑岩，很难找到可供利用测年的理想对象。测年方法，早年多采用 K-Ar 法，年龄值均偏低。如 1978 年天津地矿所于荣炳等在常州村本组底部风化壳采集的样品，测定的年龄值为 761 Ma，在常州村至青山岭小路东坡含绢云母泥质页岩采集的样品，全岩 K-Ar 法测年值为 628.777 Ma，含绢云母泥质页岩中的伊利石测定结果为 1 032、1 082 Ma。1977 年，张学祺在常州村采集含砾砂岩样品，以其中的绿色矿物为测定对象，K-Ar 法测年值为 1 234 Ma。70 年代以来，对本组同位素年龄测定开始采用了 Pb-Pb 法、U-Pb 法及 $^{40}Ar/^{39}Ar$ 法。1979—1981 年，天津地矿所在本组顶部含砂量很低的灰绿色页岩透镜体中采集样品，同时还对迁安、兴隆、宣化等地常州沟组中部黑灰色粉砂质页岩采样，进行 Pb-Pb 法同位素测定，结果为 $1\,848^{+57}_{-58}$ Ma。同一时期河北省第一区调队在平谷采到磷灰石样品，经宜昌地质矿产研究所用U－Pb法测定，得到不一致曲线年龄为1 635 Ma，Pb－Pb法等时线年龄为1 635±25.8 Ma。由陈晋镳提供，还有一个$^{207}Pb/^{204}Pb-^{235}U/^{204}Pb$等时线年龄1 839±73 Ma。此外，1991年天津地矿所李增惠报道采自本区常州沟组砂砾岩和石英砂岩中的宇宙尘，以$^{40}Ar/^{39}Ar$法测定其落地年龄1 670 Ma。综合分析以上这些直接来自常州沟组的数值，推定常州沟组底界的最大年龄不超过1 900 Ma，结合下伏地层的变质事件年龄、下伏地层与常州沟组间的间断、常州沟组与串岭沟组年龄关系，以1 800～1 850 Ma作为最大推定值较妥。

常州沟组的富集元素为B，稳定元素有K、Zr、Co、B、Si，Fe/Mn为61.69，B的浓集克拉克值高达11。本组下部砾岩的Ti、V、Cr、Ni、B含量均高于上部的石英岩状砂岩和石英砂岩。本组取样（含砾石英粗砂岩），稀土元素配分特征是：$\Sigma LREE=57.67\times10^{-6}$，$\Sigma HREE=3.17\times10^{-6}$，$\Sigma REE=60.84\times10^{-6}$，$\Sigma LREE/\Sigma HREE=18.19\times10^{-6}$，La/Yb＝33.41，$\delta Eu=0.988$，Eu/Sm＝0.267。

常州沟组在本区蓟县北部露头区呈北西西-南东东向展布，除一段河流相砂砾岩有变化之外，岩性、层序、沉积环境等地质特征基本没有大的变化。一段在兴隆县蛇沟子村厚774 m，常州沟479 m，石头营525 m，遵化县葫芦峪474 m。由上述剖面数据看出东部地区一段的厚度变化不大，西北部骤增。砾石大小变化亦不大，一般3 cm左右，最大达10 cm。

【其它】长城石英岩、长城组、黄崖关组、常州村组，皆为同物异名，建议停止使用。

串岭沟组　Ch*cl*　（12－0002）

【创名及原始定义】　1934年高振西、熊永先、高平创名，原称串岭沟页岩，取名于天津市蓟县城北串岭沟。原始定义：随底部石英岩之后，为一系列黑色页岩及薄层砂岩，厚约480 m。层非常薄并强烈碳化，当地人常误为煤层。当然，虽在许多地点开采，并未见有何价值。下部通常为薄层砂岩与页岩互层，向上有较多的薄层硅质灰岩。

【沿革】　早在1934年高振西等创名时称为“串岭沟页岩”，1958年申庆荣等基本保持了高振西等的分层单位及命名，称之为串岭沟层。1959年第一次全国地层会议后改称串岭沟组。1962年陈晋镳建议将原串岭沟组上部的红色、灰色白云岩、钙质页岩等另行分出，建立团山子组。1964年蓟县震旦系现场学术讨论会议上团山子组得到公认。团山子组单独建组之后，串岭沟组的范畴指原串岭沟页岩的中、下部粉砂质页岩。这一划分方案被以后的《华北地区区域地层表》、《河北省北京市天津市区域地质志》、《天津市区域地质志》等文献使用至今。

【现在定义】　指常州沟组之上、团山子组之下的一套以粉砂质伊利石页岩为主，夹少量碎屑岩和碳酸盐岩的岩石地层。其底部与常州沟组渐变过渡；顶以铁白云岩和砂质含菱铁矿白云岩始现与上覆团山子组分界，为整合接触。

【层型】　正层型剖面位于天津市蓟县小港乡船仓峪（117°31′50″，40°10′45″）（1964年由季幼庭、裘淑厚重测）。

上覆地层：**团山子组**　灰至深灰色铁白云岩和砂质菱铁矿白云岩

——————整　合——————

串岭沟组　　总厚度913 m

四段

8. 黑色页片状粉砂质页岩，夹砂岩透镜体，风化后成碎片　　59 m

7. 黑色页片状粉砂质页岩，风化后呈小棒状，夹灰色粉砂岩透镜体，偶夹石英砂岩细条

带，粉砂岩透镜体砂岩中见平缓的“S”形斜层理，前积层向顶底变缓，一般安息角小于 10° 50 m

三段

6. 灰黑色厚—中厚层含灰泥质白云岩，偶夹黑色薄层页岩，底部有一层石英砂岩。含灰泥质白云岩中含星点状黄铁矿晶体，透镜状、波状层理发育。 32 m

二段

5. 黑色、灰色页片状或纸片状粉砂质页岩，风化后呈碎片或小棒状，顶部为深黑色纸片状粉砂质页岩，下部有大型泥裂 309 m

4. 黑色纸片状粉砂质伊利石页岩，风化后多成小棒状，不含粉砂岩透镜体 97 m

一段

3. 深灰、黑色页片状粉砂质伊利石页岩，夹少量粉砂质细条带平行层理分布，偶见粉砂岩透镜体，页岩中有明显的泥裂现象 54 m

2. 深灰绿、黑色页片状粉砂质页岩夹深灰色或褐棕色粉砂岩或砂岩细条带、透镜体。上部粉砂质页岩多为灰绿、深灰、黑绿色，层面具有明显的浪成波痕，波脊互相平行，为对称型波痕，岩石中见明显的潮汐层理，主要为波状及透镜状层理；下部为黑色粉砂质伊利石页岩，砂岩或砂岩透镜体有时成群分布，有时单独出现，其长度大小不等 140 m

1. 上部为暗灰绿色粉砂质页岩夹砂岩透镜体；中部杂色粉砂质伊利石页岩夹深灰色或棕黄色砂岩透镜体；下部为灰色（风化面灰绿色）粉砂质页岩，夹灰白色或浅肉红色扁豆状和透镜状细粒石英砂岩，石英砂岩的顶面有绿色泥质粉砂岩薄层。下部多为平行层理，部分为波状层理，层面可见小型不对称的流水波痕，并见小型斜层理，多为帚状及板状，前积层安息角一般为 20°左右；中及上部过渡为透镜状、波状潮汐层理，并可见海底滑动的页岩小褶曲 172 m

——————整　合——————

下伏地层：常州沟组　灰绿、黄褐色薄层细粒石英砂岩夹黄绿色薄层砂质页岩

【地质特征及区域变化】　本组在蓟县船仓峪剖面上可详分为四段：

一段：暗灰绿、深灰、黑色粉砂质页岩夹深灰或棕黄色砂岩和铁锰质细砂岩条带、透镜体。粘土矿物主要是伊利石。砂岩、粉砂岩呈明显的韵律沉积。泥裂、波痕等层面构造发育。厚度为 366 m。

二段：黑色、深灰色页片状粉砂质页岩为主，夹少量薄层粉砂岩条带或透镜体，具水平层理，风化后多呈薄片状、小棒状。厚度为 406 m。

三段：灰黑色微—厚层泥灰岩、含云泥灰岩、云灰岩和灰云岩，夹粉砂岩条带。泥灰岩和粉砂岩中含大量铁泥质物及微团粒状的菱铁矿。泥裂、波痕等层面构造发育。厚度为 32 m。

四段：黑色页片状粉砂质页岩，夹深灰色、灰色粉砂岩条带或透镜体。厚度为 109 m。

本组一、二段黑色页岩和黄绿色页岩中含丰富的微古植物化石。一段中有：*Leiominuscula* spp.，*Trachyminuscula* spp.，*Margominuscula* spp.，*Liosphaeridia warsanofievia*，*L. kulgunica*，*Kildinella miroedichia*，*Pseudozonosphaeridium populosum*，*Stictosphaeridium qingshanensis*，*Dictyosphaera sinica*，*D. plicativa*，*Orygmatosphaeridium guojiagouensis*，*Schizofusa* spp.，*Diplomembrana* spp.，*Schizovalvia* spp.，*Leiovalia* spp.，*Foliomorpha involuta*，*F. platytaenia*，*Lobomorpha trifurcata*，*Taeniatum volutum*，*T. pellucidum*，*Valvimorpha* spp.；二段中有：*Qingshania magnifica*，*Changchengonema densa*，*Anabaenidium specialis*，*Eohammatoidea simplex*，*Siphonophycus capitaneum*，*S. qingshanensis*，*Rhicnonema tenuis*，*Rh. major* 等。

四段含宏观藻类化石：*Chuaria* sp.，*Tyrasotaenia* sp.，*T.* cf. *podolica* 等。

根据串岭沟组沉积特征，一、三、四段属潮间带沉积环境，二段以水平层理为主，为潮下低能带的产物。串岭沟晚期，海水变浅，逐渐封闭，开始出现还原环境。

串岭沟组与下伏常州沟组为整合过渡关系，与上覆团山子组也属过渡类型。在串岭沟组的顶部黑色粉砂质页岩中最先出现少量的薄层青灰色泥晶白云岩，向上，成为薄层白云岩夹黑色页岩，再向上，页岩很少见到，只是一些薄层和厚层含铁白云岩，这便是团山子组的面貌了。当前串岭沟组和团山子组的分界，就划在那些互层状的薄层和厚层含铁白云岩的底面。

串岭沟组的同位素年龄数据较多，使用的测年对象有三种：侵入本组的含云母基性脉岩中的云母矿物，侵入本组的基性脉岩和本组的黑色页岩。

云母单矿物 K－Ar 法年龄于 1964、1965 年经原中南地质研究所测定为 1 534、1 602、1 797、1 853 Ma。1977、1983 年天津地矿所张学祺等采集串岭沟组火山岩中金云母，K－Ar 法年龄值为 1 520、1 638、1 659、1 646 Ma。基性脉岩的全岩 K－Ar 法年龄为 1 265 Ma，无云母基性脉岩为 1 042 Ma。黑色页岩的年龄最早见于贵阳地化所的报道，样品采自宣化、青龙、宽城、兴隆等地，得到的 U－Pb 等时线年龄为 1 922 Ma。1981 年天津地矿所采集了蓟县道古峪至刘庄间串岭沟组页岩样品，得到的 Pb－Pb 法等时线年龄为 $1\,757^{+109}_{-117}$ Ma，相关系数为 0.994 344 2。1990 年天津地矿所陆松年、张学祺等采集了蓟县道古峪村至团山子村一线串岭沟组粉砂质页岩样品，得到的 Pb－Pb 法等时线年龄为 1 705±42 Ma，相关系数为 0.999 5 Ma。

由于串岭沟组受到至少为 1 520～1 646 Ma 的岩脉穿插，故推定该组年龄在 1 700 Ma 左右。

串岭沟组不溶残余矿物成分特征性组合为（无色带黄）锆石-（暗绿）电气石-石榴石组合。

串岭沟组富集元素为 B、Co，含量较高的元素主要是亲碎屑、亲粘土元素，如 Zr、V、Co、Cu、B、K、Si 等。与常州沟组相比，出现了迁移能力较强的 Cu。Fe/Mn 为 278，Na/Ca 为 2.68。B 的浓集克拉克值高达 8。本组取样（粉砂岩），稀土元素配分特征是：$\Sigma LREE=59.39\times10^{-6}$，$\Sigma HREE=5.91\times10^{-6}$，$\Sigma REE=65.30\times10^{-6}$，$\Sigma LREE/\Sigma HREE=10.05$，$La/Yb=16.88$，$\delta Eu=0.651$，$Eu/Sm=0.191$。

串岭沟组出露于本区蓟县北部，岩性、层序基本稳定，三段的含灰泥质白云岩厚度变化较大，下营一带厚 189 m，至东部船仓峪只剩 32 m，呈向东逐渐减薄的趋势。此外，在黄崖关以北兴隆县境内，四段出现灰白色石英岩状砂岩夹层，厚达 10 m。

【其它】 本组二段粉砂质伊利石页岩可用来制作各种紫砂陶制品，矿石化学成分与江苏宜兴紫砂泥相近，工艺测试结果符合工业要求①。

团山子组　Ch*t*　（12－0003）

【创名及原始定义】 1962 年陈晋镳创名②，创名地点在天津市蓟县下营镇团山子村。1964 年蓟县现场会议正式确认。原始定义：在串岭沟组之上，河北各地均有一套以红、灰色白云岩及绿色、红色页岩为主的地层。

【沿革】 团山子组早在 1934 年高振西等将其划为“串岭沟页岩”的上部。1962 年天津综合地质大队称西岭灰岩。1964 年张家口综合地质大队把它划为大红峪组一段。而更多的是

---

① 李世伟，1987，蓟县紫砂陶土的地质特征、矿物成分及工艺研究，全国第二届非金属矿产地质工作会议大会交流材料。

② 陈晋镳，1963，河北震旦系。河北省地质学会 1962 年年会论文汇编，第一辑。

注意到该组白云岩具有一定的特殊性，可与其它地层单位相区别。1955—1956 年间，华北地质局 221 队在邻区怀安—密云一带的普查工作中，用 LSI 代表这一地层。1957—1959 年河北省区测大队填制 J-50（张家口）幅地质图时，在山西广灵至辽西凌源的广大地区，把它命名为庞家堡组。随后发现蓟县也有相当的层位存在。陈晋镳根据上述工作成果，建议将串岭沟组页岩之上，大红峪组石英砂岩之下的这套以白云岩为主的地层称为团山子组，于 1962 年在中国地质学会第 32 届学术年会上公布，1963 年论文发表。1964 年在蓟县震旦系现场学术讨论会议上多数代表同意团山子组可以单独建立组，1975 年华北区前寒武纪地层专题会议上一致同意建立团山子组。《华北地区区域地层表》、《蓟县震旦亚界的研究》、《河北省北京市天津市区域地质志》、《天津市区域地质志》等文献使用至今。

【现在定义】 指串岭沟组之上，大红峪组之下的一套厚层含铁白云岩（风化面褐色）、淡红色薄层白云岩夹砂岩、石英岩状砂岩、粉砂质页岩的岩石地层。其底部以铁白云岩和砂质含菱铁矿白云岩与下伏地层分界；顶以板层夹中厚层石英岩状砂岩（“大白石英岩”）始现与上覆大红峪组分界。与下伏及上覆地层均为整合接触。

【层型】 正层型剖面位于天津市蓟县下营镇团山子村（117°28′40″，40°10′40″）（1964 年潘河生、裘淑厚重测）。

上覆地层：**大红峪组** 灰白色板层夹中厚层中粒石英岩状石英砂岩（“大白石英岩”）

——————— 整 合 ———————

团山子组 总厚度 510 m

三段

7. 上部为紫色板层砂质泥晶白云岩，夹灰黄色粗砂岩和绿色粉砂质页岩。层理一般不平整，有波痕和干裂，粗砂岩中交错层发育，层面上有粘土质薄膜；中部为灰黄色板层中粒砂岩和紫色白云质砂岩的互层，层理一般较平整，含有因干裂而破碎的泥块，有时有不同规模的交错层；下部为灰黄色中厚层、板层砂岩，层理多不平整，有交错层，含泥块，并有褐铁矿斑点，层面上见有大型干裂，波痕和岩盐假晶 50 m

6. 包括 3 个由碎屑岩到碳酸盐岩的韵律层。上部，包括 3 个小层：上面为黑灰色厚到中厚层白云岩，层理平直，含有泥块；中间为含砂岩薄层的中厚层硅质白云岩和黑色板层燧石层或黄色硅质岩互层，夹不同粒级的砂岩透镜体和薄层；下面为黄色中厚层中粗粒砂岩，纹层构造，风化后呈明显的条带状。中部：上面为含砂泥晶白云岩、黑灰色纹层状白云岩和黄色含砂硅质岩的韵律互层，白云岩中有叠层石礁体；下面为深灰色厚层、中厚层白云质砂岩与灰褐色板层砂岩互层，砂岩中含破碎后再胶结的砂岩碎块。下部：上面为青灰色（风化后褐黄色）板层泥晶白云岩和厚层细晶白云岩互层，夹中厚和薄层钙质砂岩；中间为灰黑色中厚至巨厚层细晶白云岩，间夹钙质页岩和板层泥晶白云岩，有磷矿化；下面为白色中厚层、巨厚层石英岩状石英砂岩（“小白石英岩”），纹层构造明显，局部有交错层，含褐铁斑点、褐铁石英砂团以及碳酸盐类矿物的空洞或砾石；底部约 10 cm 含砾，其下有侵蚀间断。本层白云岩及其它地点相同层位白云岩 U-Pb 法同位素等时线年龄值为 17.67 Ma。 97 m

二段

5. 深灰色巨厚或块层含砂或不含砂的泥晶白云岩，上部含砂泥晶白云岩中有不同规模的交错层并夹两层砾状白云岩（云砾岩）；下部含砂泥晶白云岩，纹理发育而平整，纹层由白云石、方解石相间沉积而成，并有硅质细条带，含丰富的叠层石 56 m

4. 灰黄或灰白色钙质细砂岩、深灰色页岩和深灰色薄层泥砂质白云岩交互出现的韵律

层。其具波状层理，层面有冲刷槽沟、泥裂、岩盐假晶 97 m

一段

3. 深灰、灰色（风化面褐黄色）中厚、巨厚层泥晶白云岩。含不规则状泥质或粉砂质条带、团块和平行层理的细纹层，下部有黄铁矿结核和波痕 75 m

2. 灰、淡灰色页片状泥晶白云岩、灰色微薄层微晶白云岩、黑灰色厚—巨厚层燧石微晶—细晶白云岩组成的韵律层，每个韵律厚度为 3～10 m，共 6 个韵律。每个韵律下部含泥、砂质，中部常有平整的纹层状构造，含黑色 1～2 mm 有机质残片 38 m

1. 上部为灰、深灰色厚、中厚层微晶白云岩；中部为灰、深灰色厚、中厚层泥晶白云岩、纹层构造，并多有小型交错层和冲刷构造，含黄铁矿晶体；下部为泥晶白云岩，含黄铁矿结核；底部为灰、深灰色铁白云岩和砂质含菱铁矿白云岩，含有星点状黄铁矿。本层上、中部夹少量粉砂质页岩，底部夹黑色页岩 97 m

———— 整　合 ————

下伏地层：**串岭沟组**　黑色页片状粉砂质页岩

【地质特征及区域变化】　本组在蓟县团山子村剖面上可详分为三段：

一段：下部灰、深灰色铁白云岩和砂质菱铁矿白云岩；上部灰、深灰色中厚—巨厚层白云岩。厚度为 253 m。

二段：下部灰黄色粉—细砂岩和深灰色泥砂质白云岩薄层互层；上部深灰色厚、块层含砂泥晶白云岩，夹云砾岩。厚度为 153 m。

三段：青灰、黑灰色含砂白云岩、灰黄色石英砂岩。顶部为紫红色砂质泥晶白云岩，夹砂岩、粉砂质页岩。底部为白色中厚—巨厚层石英岩状砂岩（“小白石英岩”）。厚度为 147 m。

团山子组叠层石代表分子有：*Stratifera* f.，*Cryptozoon* f.，*Kussiella tuanshanziensis*，*Yanshania simplex*，*Xiayingella primigenia*，*Gruneria sinensis*，*G.* cf. *biwabikia*。微古植物有：*Trachysphaeridium robustum*，*Tr. laminaritum*，*Pseudofavososphaera gigantea*，*P. obsoleta*，*P. kepingensis*，*Nucellosphaeridium deunfii*，*Polynucella biconcentrica*，*Schizofusa areolosa*，*Volyniella* sp.。其中主要是球形个体，另见少数船形个体和丝状体。宏观藻类化石：*Chuaria* sp.，*Shouhsienia* sp. 等。

团山子组主要是碳酸盐和含砂碳酸盐沉积，继承了串岭沟组的沉积环境。一段的灰、深灰色含铁白云岩、砂质菱铁矿白云岩，含黄铁矿结核，白云岩具纹层构造，说明已由串岭沟晚期潮间带下部沉积环境演变为泻湖沉积环境。二、三段出现砂岩，表明陆源物增加，白云岩层面发育泥裂，地壳上升使水体变浅，由半封闭的海湾泻湖变为开阔的潮间沉积环境。

本区蓟县团山子组中、上部属海退序列，白云岩中夹许多厚度不等的砂岩，白云岩中的含砂比例也逐步增加，至本组顶部出现紫色板层状的砂质泥晶白云岩，夹灰黄色粗砂岩和绿色粉砂质页岩，接着是灰白色板层状夹中厚层中粒石英岩状砂岩（“大白石英岩”）。当前团山子组与大红峪组的界线就划在“大白石英岩”的底面。

团山子组同位素年龄资料有：1977 年贵阳地化所以蓟县、宽城白云岩为测试对象，用 U－Pb 法得到等时线年龄为 1 776 Ma。1990 年天津地矿所陆松年、张学祺等，采自平谷城北苏子峪团山子组中部的富钾安山粗面岩样品，Rb－Sr 法全岩等时线年龄值为 1 606±19 Ma，$(^{87}Sr/^{86}Sr)_0 = 0.704\ 7 \pm 0.002$。

团山子组一段、二段不溶残余矿物成分特征组合为（无色带黄）锆石-（暗绿）电气石-石榴石组合。三段的不溶残余矿物成分特征组合为玫瑰色锆石-电气石-石榴石组合。

团山子组富集元素为B、Co、Ca、Mg。高含量元素有B、Co、Mn、Cu、Ca、K、Mg。本组取样（泥质白云岩）稀土元素配分特征为：$\Sigma LREE=150.06\times10^{-6}$，$\Sigma HREE=9.93\times10^{-6}$，$\Sigma REE=159.98\times10^{-6}$，$\Sigma LREE/\Sigma HREE=15.13$，$La/Yb=27.46$，$\delta Eu=0.628$，$Eu/Sm=0.174$。

团山子组出露于本区蓟县北部地区，在下营至孙各庄一带呈NWW-SEE向展布。这一条带的岩性、岩相、厚度等均较稳定，所划分的三个段各自特征明显。但是，毗邻地区团山子组的岩性在横向上有较大的变化。除黄崖关以西兴隆县境内，本组一段普遍发育滑塌成因的白云质角砾岩之外，向东的变化最显著，自孙各庄起向东，碎屑岩成分逐渐增多，包丈子一带在二段已经率先出现两层中厚—厚层灰白色细粒石英砂岩，分别厚6 m和8 m。三段底部的石英岩状砂岩（“小白石英岩”）仍能清晰可辨，但厚度却由大红峪一带的3 m增至21 m。再向东，至遵化县境内的大张庄、东梁各庄一带，二、三段大部分被碎屑岩所替代。岩石组合变为灰白、褐黄、黄白色微薄—巨厚层状的铁质砂岩夹叠层石白云岩。

【其它】 本组顶部产含钾岩石，矿石以绿色、紫色粉砂质页岩为主，成分主要由伊利石、海绿石、钾长石、石英、斜长石组成。

大红峪组 Ch*d* (12-0004)

【创名及原始定义】 1934年高振西、熊永先、高平创名，原称大虹峪石英岩夹安山岩流，创名地点在天津市蓟县城北大红峪沟。原始定义：细粒、块状、浅黄或灰色、淡色石英岩，有时为长石质（石英岩）。具交错层理。厚度有变化，最厚可达370 m，甚至400 m，最薄者仅50～60 m。下部与页岩互层，但向上逐渐变为纯石英岩。差不多在上述石英岩之上部，在不同地点见到安山岩流，厚度极不规则，可达20 m，或仅几米或小于1 m。熔岩不连续，是一层还是几层尚不清楚。

【沿革】 1958年，申庆荣等改“虹”为“红”，并称大红峪层。1959年第一次全国地层会议后改称大红峪组，沿用至今。关于本组的上限，即与高于庄组的分界，历来没有争议。下限问题颇有不同的认识。早在1961年，天津综合地质大队曾将大红峪组的下限划在层型剖面的第二层石英岩的底面。张翊均（1982）以“小白石英岩”与“大白石英岩”之间的石英砂岩为界。以上是少数人或单位的认识，不具普遍性。意见分歧主要集中在以“小白石英岩”还是以“大白石英岩”为界的问题上。主张以“小白石英岩”为界的有任富根（1964、1987）、王长尧（1983）等。河北省区测大队（1966）、河北省、天津市区域地层编表组（1979）、天津市地调所（1990）等均因“大白石英岩”在燕辽地区沉积较稳定，而以之为界。本次对比研究亦将大红峪组的下界置于“大白石英岩”的底面。

【现在定义】 指团山子组之上，高于庄组之下的一套火山-沉积岩系。下部为石英岩状砂岩、长石石英砂岩、白云岩夹富钾粗面岩、火山角砾岩、凝灰质砂岩；上部为白云岩、燧石白云岩，含大量叠层石。其底部以石英岩状砂岩（“大白石英岩”）与团山子组白云岩分界，呈整合接触；顶界与高于庄组最底部含砾粗砂岩和含长石石英岩状砂岩呈平行不整合接触。

【层型】 正层型剖面位于天津市蓟县下营镇大红峪沟（117°27′50″，40°10′35″）（1964年由任富根、陆松年重测）。

上覆地层：高于庄组 灰白色含砾粗砂岩和含长石石英岩状砂岩

——————— 平行不整合 ———————

大红峪组 总厚度408 m

二段

5. 灰、灰黑色巨厚、块层叠层石燧石白云岩，上部灰黑色燧石白云岩中含大量叠层石，有的燧石沿叠层石生长层呈断续斑点状分布，叠层石生长层极为密集，个体大，整层岩石有时即为一巨大礁体；下部燧石白云岩以白色燧石为主，呈各种不同的复杂形态，本层尚有波长很大的波痕，含叠层石 *Conophyton dahongyuensis* 110 m

一段

4. 褐、灰绿色富钾粗面岩、粗玄岩、火山角砾岩和凝灰质砂岩，构成火山沉积韵律。在火山熔岩和火山碎屑岩中常夹白云岩和石英砂岩透镜体。本层中火山岩全岩 K－Ar 法同位素年龄值为：8.83、8.23、9.05、7.43 Ma 84 m

3. 灰白色巨厚层石英岩状砂岩和长石石英砂岩，波痕及交错层较发育，并有粒级构造 82 m

2. 上部为白色巨厚、中厚层含燧石条带的含砂白云岩或砂质白云岩，燧石含量较多，白色，多呈分布不均的条带出现，与层理平行，局部斜交，砂粒在白云岩中分布不均匀，逐渐过渡为白云质砂岩；下部为白色巨厚、块层石英岩状砂岩，可分上、下两层：上面的石英岩状砂岩多为灰黄色，粗粒，层面粗糙，夹绿色泥质薄膜。下面的石英岩状砂岩层理较平整，多纹层构造，间有透镜状交错层和粒级构造，含大量褐铁矿斑点，层面多见波痕。本层在地貌上形成陡壁 75 m

1. 顶部为灰白色石英砂岩与紫红色含砂白云岩互层和灰白色板层长石石英砂岩夹多层绿色富钾页岩；上部为白、紫色石英岩状砂岩与紫色粉砂质页岩的互层，其底夹较多的深绿色薄层富钾页岩；下部为灰白色板层夹中厚层中粒石英砂岩（“大白石英岩”），夹薄层绿色粉砂岩和砂岩。本层多具交错层理，层面上有干裂和波痕，在地貌上常形成悬崖，到顶部由于单层厚度小，常在悬崖上出现小缓坡，与其上的陡壁相分隔 57 m

——————— 整　合 ———————

下伏地层：**团山子组**　紫色板层砂质白云岩

【地质特征及区域变化】　大红峪组在蓟县大红峪沟剖面上可详分为两段：

一段：灰白、白色石英岩状砂岩、长石石英砂岩、硅质或钙质页岩、翠绿色富钾页岩，夹层数不等的富钾火山岩。厚度为 298 m。

二段：含燧石泥晶、细晶白云岩，燧石条带白云岩，硅质岩及粘土岩。含丰富的叠层石，顶部的锥状叠层石有削顶现象。厚度为 110 m。

叠层石代表分子有：*Xiaohongyuella petalina*，*Tuberia trubinata*，*Epiphytoidella bellula*，*Conophyton dahongyuensis*，*Kussiella* f.，*Nodostylia* f.，*Tabuloconigera* f.。以层状、球形、瘤状为特征。微古植物有：*Asperatopsophosphaera umishanensis*，*Stictosphaeridium formosum*，*St. implexum*，*Favososphaeridium jixianense*，*Pterospermopsimorpha binata*，*Pt.* cf. *pileiformis*，*Necellosphaeridium medianum*。以具网纹饰的 *Favososphaeridium* 和双层隔壁的 *Pteromopsimorpha* 为主要特征。藻化石均为低等蓝藻，发现有：*Clonophycus* sp.，*Myxococcoides* sp.，*Archaeoellipsoides* sp.，*Gunflintia* sp.，*Eomycetopsis filiformis*，*Cyanonema* sp.，*Oscillatoriopsis* sp. 等。

本组一段在层型剖面上大致可分成三个沉积韵律，每个韵律自下而上的顺序是，由滨海砂岩，包括石英岩状长石石英砂岩、长石砂岩等过渡为滨海砂质白云岩、白云岩、燧石条带白云岩、白云质砂岩等，最后为海陆交互相喷发的火山物质，包括富钾粗面岩、凝灰岩等。二段底部为一层燧石角砾岩，其上为长石石英砂岩，岩石组合为燧石白云岩、燧石条带白云岩、硅质岩夹粘土岩，叠层石发育，代表了相对稳定的滨海环境下沉积的一套岩石组合。

在蓟县高于庄组的底部为一层厚约 3 m 的石英岩状砂岩，大红峪组顶部为燧石质锥叠层石白云岩，由于锥叠层石的顶部遭到侵蚀，可以断定二组间曾有沉积间断。由蓟县向西，兴隆县水厂乡一带，高于庄组底部砂岩分解成多层薄层状砂岩，大红峪组顶部燧石质锥叠层石形态较为完整，侵蚀间断现象则不明显。

本组中的海绿石 K－Ar 法取得的年龄值为 713 Ma，页岩为 846 Ma、1 123 Ma。天津地矿所对页岩中提纯粘土矿物所测 K－Ar 法年龄略高，为 1 372 Ma。1977 年贵阳地化所报道了采自迁西大红峪组的海绿石 K－Ar 法测年结果，有 1 606、1 627、1 660Ma。1990 年陆松年、张学祺等采自平谷苏子峪大红峪组下部富钾粗面岩样品，Rb－Sr 全岩等时线年龄为 1 495±41 Ma，$(^{87}Sr/^{86}Sr)_0=0.704\ 9\pm0.007\ 7$。采自蓟县下营棉花峪沟大红峪组富钾粗面岩分选出锆石单矿物，分析结果锆石 U－Pb 法下交点年龄 1 487 Ma。

大红峪组二段不溶残余矿物成分特征组合为暗绿色电气石、玫瑰色电气石±锆石组合。

大红峪组富集元素为 B、Ca，浓集克拉克值小于 1 的元素有 Co、B、Sr、Ca、K、Mg、Ba。火山岩中 K 高达 8.3%。本组一段含 P 较高，平均为 0.03%，高者达 0.07%。Fe/Mn、Na/Ca 均比下伏各组小，而 Fe^{2+}/Fe^{3+} 较高，表明本组沉积时海水有加深趋势。本组取样（含砂白云岩），稀土元素配分特征为：$\Sigma LREE=77.56\times10^{-6}$，$\Sigma HREE=10.29\times10^{-6}$，$\Sigma REE=87.85\times10^{-6}$，$\Sigma LREE/\Sigma HREE=7.54$，$La/Ya=13.39$，$\delta Eu=0.715$，$Eu/Sm=0.217$。

大红峪组主要出露于本区蓟县下营至孙各庄一线，呈带状，黄崖关附近及邦均一带也有分布。本组是中—晚元古代地层厚度、岩性和岩相变化最大的一个岩石地层单位，蓟县地区大红峪组厚度变化见表 2－2。

表 2－2　蓟县地区大红峪组厚度变化统计表

地点 厚度(m) 段	西毛峪	下营	苦梨峪	大红峪沟	东于庄	道古峪	包丈子	大张庄	东梁各庄
Chd^2	130		129	110	110	128	113	105	100
Chd^1	515	709.7	430	298	305		186.6	71.7	83

大红峪组的变化主要指的是一段。一段在蓟县下营一带最厚，达 710 m，岩性以灰白色石英岩状长石石英砂岩、石英砂岩、长石石英砂岩为主，夹燧石条带含砂或砂质白云岩，火山岩最为发育。石英岩状长石石英砂岩可见 3～5 层，地貌上形成阶梯式的陡坎，从下营镇向东西两侧厚度逐步减薄。黄崖关以西，碳酸盐岩成分增加，以灰黑色微薄层白云质泥岩和灰色中厚层泥晶白云岩为主，仅在底部稳定地分布一层厚约 25 m 的灰白色石英岩状长石石英砂岩，一段厚度减为 515 m。相反，从下营镇向东，至孙各庄一带，岩石组合虽与下营相似，但碳酸盐岩所占比例逐渐减少，碎屑岩成分逐渐增加，火山岩则趋于尖灭，厚度为 430～187 m。再向东，至遵化县大张庄—东梁各庄一带，几乎全部相变为碎屑岩。岩石组合为灰白色石英砂岩、长石石英砂岩、石英岩状长石石英砂岩，以及紫色—翠绿色含砂泥岩和少量的砂砾岩，偶见火山岩。厚度也锐减为 72～83 m（图 2－4）。

二段与一段比较，呈现出较为稳定的特征，无论是岩性、岩相、叠层石类型，还是沉积厚度，在蓟县地区均没有发生显著的变化，从西到东厚度在 100～130 m 之间。

【其它】　蓟县地区大红峪火山岩是邻区北京市平谷县熊耳寨—将军关一带的大红峪火山岩向东的延伸，西起河北省兴隆县境内的水厂乡一带，经黄崖关、下营，继续向东延至遵化

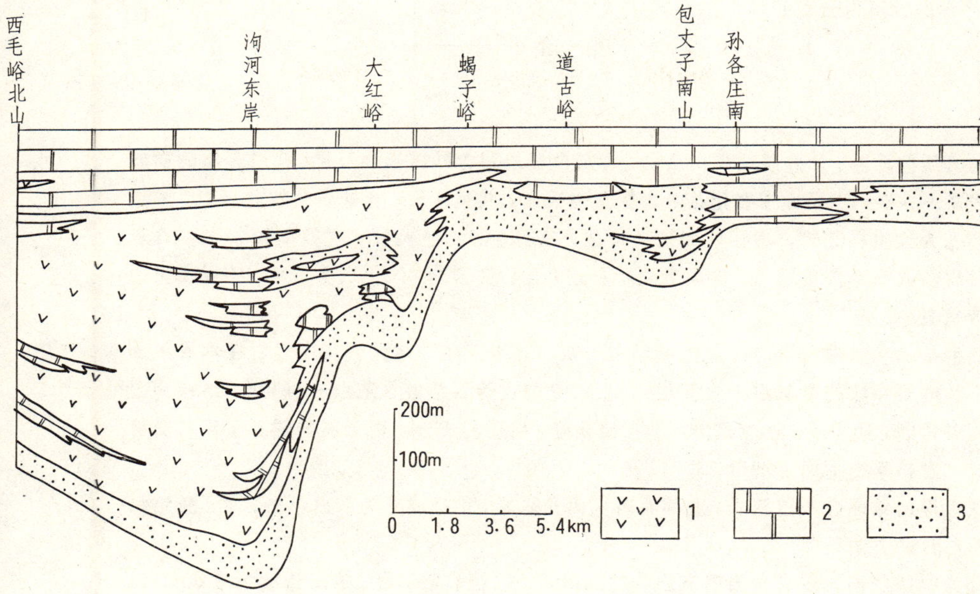

图 2-4　天津市蓟县地区大红峪组沉积断面图

1. 火山熔岩、火山角砾岩；2. 白云岩；3. 石英岩状长石石英砂岩、砂岩

境内的平安城一带，总体呈 SEE 向展布，长约 47 km。岩石类型以熔岩为主，火山碎屑岩次之。熔岩类主要为粗面岩和钾质玄武岩，以富钾为显著特点。火山岩在蓟县下营镇泃河东岸最发育，火山岩层总厚度超过了 470 m，占大红峪组总厚度的 57%。向东逐渐趋于尖灭，东部遵化县只在二段下部保存一层不足 20 m 厚的熔岩。大红峪火山岩，据陈晋镳等研究，火山喷发活动兼具海相和陆相的特点，它很可能在岩浆溢流时，一部分为海相，一部分由于迅速堆积而高出水面，形成火山岛。

高于庄组　Chg　（12-0005）

【创名及原始定义】　1934 年高振西、熊永先、高平创名，原称高于庄灰岩，创名地点位于蓟县城北高各庄和于各庄。原始定义：这是震旦系最下部的灰岩建造。由石英岩、板岩、页岩和硅质灰岩组成。约有几米厚的石英岩和页岩位于底部，随之为灰色、薄层、块状硅质灰岩。块状部分以富含 *Collenia* 为特征。中部全为薄层硅质灰岩与页岩或板岩互层，然后变为块状致密灰岩，亦为硅质，但不含燧石结核。最上部为含 *Collenia* 的块状燧石灰岩。厚至少 1 050 m，可达 1 300 m。

【沿革】　1958 年申庆荣等称高于庄层，1959 年第一次全国地层会议以后改称高于庄组，但对其含义划分一直未有大的变化。

【现在定义】　指大红峪组之上、杨庄组之下以碳酸盐岩占绝对优势的一套岩石地层。岩性主要为厚至薄层白云岩和白云质灰岩。其底部为含砾粗砂岩和含长石石英岩状砂岩；下部多含陆源碎屑，并含多层叠层石；中下部有“蓟县式”锰硼矿；中上部含碳质和沥青质；顶部多燧石结核并夹硅质岩。与下伏大红峪组为平行不整合接触，与上覆杨庄组为整合接触。

【层型】　正层型剖面位于天津市蓟县大红峪沟至翟庄村北（117°28′20″，40°10′05″）（1964 年由陈晋镳、薛知照重测）。

上覆地层：**杨庄组** 灰白色页片状砂、砾屑白云岩与灰色燧石微晶白云岩互层，底为灰白色页片状含砾砂屑白云岩

——————— 整 合 ———————

高于庄组　　总厚度 1529 m

四段

40. 含白云质硅质岩、含硅质结核白云岩、含灰白云岩和含砂白云岩互层。含白云质硅质岩为浅灰—灰色，主要由玉髓组成，含少量白云石，共见 4 层；含硅质结核白云岩，其结核形态为连生椭圆状，扁饼状和短条带状，有黑色、白色两种，含核率为 33%；含灰白云岩白云石局部重结晶，构成凝块状构造；含砂白云岩，风化面为白色，碎屑物呈似条带状集中　131 m

39. 深灰色结晶含灰白云岩与深灰色中厚层含灰白云岩互层。结晶含灰白云岩在本层下部与不含燧石结核的含灰白云岩互层，在上部它与含燧石结核含灰白云岩互层，结核为不规则条带状、团块状、连生椭圆状、哑铃状等。结核的成分由白云石与燧石呈环状交替组成，含核率由下而上增至 35.7%　35 m

38. 深灰色厚层结晶含灰白云岩，上部有时变为角砾岩，角砾成分为灰白色白云岩，胶结物为粉红色的方解石　36 m

37. 上部为纹层状沥青质含白云质灰岩，黑白相间的纹层非常明显，成不连续条带状分布，黑色纹层含沥青质；中部为黑色重结晶白云质灰岩，重结晶后常呈圆盘状，直径为 6～30 cm，中央为 3～5 cm 左右的圆形核心，周围为放射状排列的巨晶方解石；下部为沥青质含白云质灰岩，与灰色微晶白云质灰岩、灰质白云岩互层。底部有时变为角砾岩，角砾沿走向断续分布　75 m

三段

36. 灰黑色厚、中厚层层纹状白云质灰岩和灰黑色、灰白色厚、中厚层含结核白云质灰岩构成的韵律互层。结核多集中于后一种岩石中，呈球状、竹叶状、长条状，为含沥青的硅质物组成。前一种岩石缝合线发育　41 m

35. 灰黑色中厚层含皮壳状结核的白云质灰岩夹板层含小饼状结核或不含结核白云质灰岩　44 m

34. 深灰色厚、中厚层白云质灰岩，含黑色小球状、竹叶状燧石结核，小球状结核突出于岩石风化面上，呈乳头状分布疏密不均　38 m

33. 深灰色中厚层白云质灰岩与板层含结核含灰白云岩、板层含砂粉屑含灰白云岩组成韵律互层。韵律下层为板层含砂粉屑含灰白云岩，与下伏岩石往往有一条清楚的界面，与冲刷面相似；韵律中层为板层含结核含灰白云岩；韵律上层为深灰色白云质灰岩，含皮壳状结核，常集中在单层的上部，外形为长条状，外壳白云石质，内部常有多个硅质小结核，缝合线构造发育　55 m

32. 上部为板层含结核白云质灰岩与纹层状白云质灰岩，夹深灰色厚、中厚层白云质灰岩，结核呈小饼状，成分为白云质灰岩，以单体为主，也有连生状。含核率 20%～58.3%；下部为灰色板层含结核白云质灰岩，结核形态为饼状，成分为灰质白云岩，结核内显纹理，呈单体或连生　48 m

31. 深灰色中厚层白云质灰岩与灰色板层含砂泥含灰白云岩的韵律互层，二者比为 4∶3，每个韵律厚 30～50 cm。韵律下层为灰色板层含砂泥含灰白云岩，单层内条带构造明显，底部含陆源泥砂，其底界面为明显的不平整冲刷面；韵律上层为深灰色中厚层白云质灰岩，风化面为灰白色，含皮壳状及眼球状结核，风化后突出于岩石表面　75 m

30. 黑色块层含碳白云质灰岩夹黑色板层碳质含白云质灰岩，前者含白云质条带，多数顺层分布，在风化面上成突出的黑色条带，构成“豹皮状”花纹　53 m

29. 灰色薄层夹中厚层含灰白云岩。前者层面上含碳质碎片；后者含白云质结核，含核率

22.1%。含核地层总厚的比为1/18.8 20 m

28. 深灰色厚、中厚与黑色板层含灰白云岩互层，夹绿色含粉砂泥质白云岩。厚层及中厚层含灰白云岩有两层含白云质结核，含核率为36.6%，含核地层占总厚的1/55.3；板层含灰白云岩含碳质，层面上有时能见到碳质薄片，具纹层构造，局部见水下滑动造成的挠曲构造 37 m

27. 灰一深灰色厚层及中厚层灰质白云岩与板层含粉砂泥含灰白云岩互层。前者占地层的2/3，主要在本层的下部，岩层断面上见有碳质碎片，多数形态不规则；后者占1/3，主要分布于本层上部，含碳质 38 m

26. 深灰色薄层、板层与中厚层灰质白云岩互层，前者风化后因碳酸盐物质流失，比重很小，后者具纹层状、缟状构造 29 m

25. 深灰色、灰色板层与中厚层含泥含灰白云岩互层，前者具纹层状、缟状构造，有时见海底滑动构造，风化后碳酸盐物质常流失，比重很小 9 m

24. 深灰色厚及板层含泥砂含灰白云岩。水平纹理明显，含巨大的结核，核径30 cm，在风化面上呈黑色，新鲜面上与围岩颜色、成分相同，含核率为32.4%，含核地层与地层总厚度的比为1/28.2 53 m

23. 黑色碳质页岩与板层、厚层白云质灰岩互层。后者条带构造发育，由灰质、白云质和泥质交替而成，条带间近于平行，条带内纹层较发育 58 m

22. 深灰色板层含白云质灰岩、灰色中厚层白云岩与黑色含白云质粉砂质页岩构成韵律互层。韵律上层为板层含白云质灰岩，含碳质，条带构造发育，由灰岩与白云岩交替而成，条带内具水平纹层，偶尔有交错层理和微小滑塌卷曲；韵律中层为中厚层白云岩，具水平纹层及似缟状构造；韵律下层为黑色含白云质粉砂质页岩，含少量瘤状灰岩，瘤体卵圆状，直径一般小于10 cm，单独或连生在一起。页岩与前一个韵律间有小的侵蚀间断 90 m

二段

21. 灰色、粉红色厚、中厚层微晶白云岩夹少量纹层状或条带状含灰白云岩，含少量浅色燧石薄层 17 m

20. 灰白色、浅粉红色厚、中厚层白云岩。岩石含少量泥质及石英粉砂。本层下部岩石水平纹层发育，中上部层面尖脊波痕发育 76 m

19. 灰白色薄至中厚层白云岩。条带构造发育，由成分及结构不同相间而成 19 m

18. 灰色页片状粉砂泥质白云岩与浅灰色薄板状含泥质白云岩、中层状白云岩互层。层理基本平整，偶见削顶波痕。本层显负地貌特征 37 m

17. 下部为灰色中厚层含锰粉屑微晶白云岩，中、上部为浅灰色巨厚、块层白云岩。含锰白云岩纹层构造发育，岩石含石英粉砂；块层白云岩层面起伏不平，波痕发育 46 m

16. 深灰、黑色薄中、板层含锰粉砂质白云岩、白云质粉砂岩。风化面为暗紫褐色，主要由石英粉砂、含铁锰碳酸盐粉砂屑组成，填隙物为含铁锰碳酸盐和泥质。层理以水平层理为主，少数为缓倾斜层理以及薄的韵律互层 46 m

一段

15. 中厚层含砂白云岩和巨厚、块层含叠层石燧石条带白云岩互层，顶部夹含锰细砂岩一粉砂质白云岩。前者层面不平，多含中、细粒石英砂，有时呈砂屑白云岩、砾屑白云岩；后者具交错层及海底滑动卷曲构造，含稳定的黑、白色燧石层。两种岩石均微含锰质。本层含丰富的叠层石，自上而下为：*Conophyton cylindricum*，*C. garganicum*，*Confusoconophyton multiangulum*，? *Svetliella polyclada*，*Gaoyuzhuangia gaoyuzhuangensis*，*Tabuloconigera paraepiphyta* 60 m

14. 灰色薄层含锰白云岩、灰色含硅质条带含锰内碎屑白云岩与灰色薄片状的云质砂质页岩。薄层含锰白云岩风化面为紫褐色，下部含硅—镁质结核，多为单个，少数为连生和姜状，有时构成同心圆状，含核率25%～26%；内碎屑白云岩风化面为紫褐色，内碎屑物主要为白云岩和燧石，所含硅质条带内水平纹层发育；薄片状云质砂质页岩风化面为黄灰色，主要成分为石英砂，白云质胶结 16 m

13. 灰色中厚层含燧石（硅质）结核和条带的白云岩与内碎屑白云岩互层。前者所含结核按其成分可分为燧石（硅质）结核及硅—镁质结核，呈饼状、核状，多为单生，另外，燧石呈参差不齐的不规则条带与白云岩互层；内碎屑白云岩有两种：砂屑白云岩和砾屑白云岩，常在每个韵律的下部出现 34 m

12. 灰色内碎屑白云岩、微晶白云岩、燧石白云岩互层。内碎屑白云岩风化后呈黄灰色，内碎屑主要成分为白云岩及燧石砂砾岩；微晶白云岩灰及微红色，风化面呈浅紫褐色，微含锰；燧石白云岩，燧石为黑色，呈碎片状，似竹叶状、砾状、丸块状等。含叠层石：*Jacutophyton* f. 20 m

11. 深灰色薄片—页片状含锰白云质粉砂质页岩。岩石风化后为紫褐色，层理较为平整。本层显负地貌特征 20 m

10. 板层砂质砂屑白云岩、页片状粉砂质白云岩及含燧石含叠层石白云岩互层。板层砂质砂屑白云岩包括含砂的砂砾屑白云岩和含有大量石英的砂质白云岩；页片状粉砂质白云岩夹于上述岩石间；含叠层石含燧石白云岩分布于本层上部。含叠层石 *Stratifera biformis* 34 m

9. 灰、深灰色板层、薄层砂砾屑白云岩。砾屑似竹叶状，略显交错层理 14 m

8. 灰色薄层砾屑白云岩、灰色厚层含燧石结核砂屑白云岩、灰色薄—中层白云岩、灰—深灰色厚层含燧石叠层石白云岩、灰色板层含长石石英砂屑白云岩及灰色薄片状粉砂质白云质灰岩等6种岩石的韵律互层，以前4种岩石为主。含叠层石 *Gaoyuzhuangia crassibrevis* 和 *Gaoyuzhuangia bulbosa* 15 m

7. 灰色厚、巨厚层白云岩夹板层白云岩、砂砾屑白云岩和砂质白云岩。厚、巨厚层白云岩含少量燧石，呈条带状沿层理分布和成不规则状分布，交错层理和卷曲构造发育；板层白云岩夹于本层中、上部；砂砾屑白云岩在厚、巨厚层白云岩下部分布较多，两者界线不清楚，相互过渡；砂质白云岩位于砂砾屑白云岩或厚、巨厚层白云岩底部，陆源碎屑增多则成为白云质砂岩。本层含叠层石 *Conofusoconophyton multiangulum* 26 m

6. 下部及中部为薄板状白云岩，上部为灰色板层白云岩。前者含有机质，呈褐色纹层，后者含少量石英、长石、绢云母等陆源碎屑，二者构成较为明显的韵律结构，每个单层内也有韵律性，下部含陆源碎屑，常见交错层理，上部含砂较少，以平行纹层为主 14 m

5. 含砾砂屑白云岩、薄层白云岩、藻席白云岩与燧石白云岩构成韵律沉积。含砾砂屑白云岩仅见于下部，砾屑呈片状、不规则状，岩层底部常见到明显的冲刷面；薄层白云岩纹层发育，有时其中夹砂屑白云岩透镜体；藻席白云岩由藻类生长形成波纹状，部分被硅质交代；燧石白云岩单层厚度较大，燧石呈结核状、环状、不规则状，单层内卷曲构造甚为发育 20 m

4. 砂岩，含石英粉砂泥质微晶白云岩，含燧石结核、团块白云岩韵律互层。砂岩为板层状，下接触面不很平整，有间断现象，是本层第一个韵律的开始，仅见于底部；含石英粉砂泥质微晶白云岩单层内泥质与粉砂呈条纹状相间平行出现；含燧石结核、团块白云岩，燧石大小不一，排列无一定规律，形态不规则。本层总的特点是在韵律开始泥砂较多，在韵律上部白云质增高，而在韵律结束为硅质增高或径自出现燧石层。含叠层石：*Cryptozoon* f. 20 m

3. 灰绿色白云质粉砂岩夹板层含细粉砂泥质微晶白云岩，两者构成由粗至细的正向韵律 7 m

2. 薄板状粉砂质白云岩、中层白云岩、含燧石白云岩构成的韵律沉积。薄板状粉砂质泥质白云岩常夹粉砂及硅质岩和硅质条带，干裂和小型浅水波痕偶见；中层白云岩位于韵律的中部；含燧石白云岩位于韵律的上部，燧石形态呈薄层状、竹叶状、结核状、瘤饼状、似层状。有时在韵律的底部尚有少数砾屑白云岩分布。以上几种岩石构成的韵律最完全者为砾屑白云岩—粉砂质泥质白云岩—白云岩—含燧石白云岩，实际上每个韵律中常有缺失，从而形成跳跃式韵律，每个韵律间常有小间断 20 m

1. 灰白色石英砂岩，下部 10 cm 为含砾粗砂岩，中、上部为含长石石英砂岩，层间夹有薄片状砂质页岩夹层。本层下部和上部由交错层、水平层理组成不同层理构造的层系，中部以水平层理为主，层理均由粒度变化而显示出来。层面直线状不对称波痕发育，其走向近东西，倾向南，波长 3.5～4.5 cm，波高 0.7～0.8 cm，上部波痕小，弯曲又分叉 3 m

——————— 平行不整合 ———————

下伏地层：**大红峪组** 灰黑色厚、巨厚层叠层石燧石白云岩

【地质特征及区域变化】 高于庄组在蓟县大红峪至翟庄剖面上可详分为 4 个段：

一段：底部为灰白色含砾长石石英砂岩；下部为薄层粉砂泥质白云岩、深灰色板层砂砾屑白云岩、灰色中薄层白云岩；上部为灰色中厚层燧石条带微晶白云岩、中厚层含粉砂白云岩、灰白色微层泥质白云岩。在上、下部之间夹有一层厚度不等的深灰色薄层含锰白云质粉砂质页岩或为灰棕色薄层变质粉砂岩。本段叠层石丰富。厚度 323 m。

二段：下部为灰黑色薄层含锰粉砂质白云岩、白云质粉砂岩，产"蓟县式"锰硼矿；上部为深灰色含粉砂白云岩、灰色中厚层微晶白云岩、浅红色中层含粉砂微—泥晶白云岩、浅灰色微薄层泥晶白云岩。厚度为 241 m。

三段：下部为深灰色微—中层含粉砂碳质、硅质白云岩，浅红色中厚层泥晶—微晶白云岩，深灰色微层含泥碳质条痕微晶灰质白云岩，深灰色中厚层微晶白云质灰岩夹黑色泥碳质白云岩，黑色碳质页岩和碳质鲕粒粉砂屑灰岩；上部为深灰、灰黑色含泥碳质灰质白云岩，灰色中薄层白云质灰岩，灰色中薄层灰岩，青灰色中厚层含泥铁质微晶白云岩，灰色中层含粉砂内碎屑含灰白云岩；顶部为灰黑色含乳头状结核灰质白云岩。厚度为 688 m。

四段：黑色纹层状沥青质含白云质灰岩、深灰色重结晶白云质灰岩和深灰色厚层含灰白云岩互层。厚度为 277 m。

本组叠层石有：*Confusoconophyton multiangulum*，*Gaoyuzhuangia crassibrevis*，*G. bulbosa*，*G. gaoyuzhangensis*，*Stratifera biformis*，*Jacutophyton* f.，*Tabuloconigera paraepiphyta*，*Svetliella polyclada*，*Conophyton garganicum*，*C. cylindricum*。多为硅质，并以其复杂分叉的柱状、锥状为特征。微古植物化石有：*Asperatopsophosphaera umishanensis*，*Trachysphaeridium rugosum*，*Pseudozonosphaeridium asperellum* 等。宏观藻类化石有：*Sangshuania sangshuanensis*，*S. linearis*。燧石相藻化石有：*Siphonophycus inornatum*，*Palaeoulothrix cylidrocellularis*，*Praenoduthrix doliocellularis*。

高于庄组一段构成两个由陆源泥砂质沉积至碳酸盐沉积的大沉积韵律。在大的韵律内部包含了若干次级小韵律，韵律的上部为白云岩，普遍含硅质条带、团块，并含丰富的叠层石，常见海底滑动构造、卷曲构造和板砾状构造，从岩石特征和沉积构造说明，一段是潮间、潮下带周期性变化的产物。二段下部为含锰粉砂质白云岩和白云质粉砂岩，以含锰、碳酸盐岩不含硅质条带、无叠层石以及次级韵律不发育为其显著特征。向上以含砂或不含砂的泥晶、微晶白云岩为主，可见水平纹层发育。总体反映了潮下低能带或浪基面以下陆表海台盆相的特征。三段下部韵律十分发育，单个韵律由条带状白云质灰岩、中厚层白云岩、黑色含白云质

粉砂质页岩组成。中部为厚层含灰白云岩与灰质白云岩互层。上部韵律也较发育。单个韵律由中厚层含皮壳和眼球状结核的白云质灰岩、板层含结核含灰白云岩、灰色板层含泥砂含灰白云岩组成。岩石很少见到盆屑物质，结构较为均匀致密，层面平直水平，单层内微细纹理发育，表明三段形成于浪基面以下海水能量很低的陆表海台盆区。此外，三段底部广泛而稳定分布的瘤状灰岩，据研究认为是当时海水较深的证据。四段底部为黑色藻席层、白云岩中含燧石条带、产丰富的微小型叠层石、含陆源砂及鲕状硅质岩，为潮间带沉积特征。

高于庄组顶部是燧石条带白云岩和含同心状大结核白云岩，在它向杨庄组过渡时，开始是夹薄层白色含粉砂或砂的页片状泥晶白云岩，二者逐渐成不等厚互层，向上含粉砂页片状泥晶白云岩变为紫红色、白色和紫红色含粉砂页片状泥晶白云岩为杨庄组的特征。当前高于庄组和杨庄组的界线划在出现第一层灰白色含粉砂页片状泥晶白云岩的底面。

高于庄组同位素年龄，除1977年张学祺等采集蓟县张家峪村西翠绿色页岩，以全岩K-Ar法取得880、868 Ma之外，年龄样品绝大部分来自邻区兴隆县高板河铅锌矿中的方铅矿，据贵阳地化所发表的数据，方铅矿Pb-Pb法等时线年龄1 434±50 Ma。陈晋镳综合了高于庄组方铅矿普通铅法各家所测定的数据，得出模式年龄的平均值为1 377 Ma，代表了本组下部的年龄。

高于庄组不溶残余矿物成分特征组合自下而上可分为5个组合带：①11—15层，为无色透明锆石-暗绿色电气石-石榴石带；②17—21层，为无色透明黄锆石-暗绿色电气石带；③24—31层，为无色透明锆石-暗绿色电气石-石榴石带；④33—36层，为无色透明锆石-暗黄电气石带；⑤37—40层，为无色透明锆石-石榴石带。

高于庄组是蓟县剖面中稳定元素和富集元素最多的层位。富集元素为Mn、B、Co、Ca、Mg。浓集克拉克值大于1的元素有B、Mn、Co、Ca、Mg、Be、Li、Na、K、Ti、Cu。下部元素组合简单，Fe、Mn、B、K、Cu、Ti的含量均比上部高。Fe/Mn则是上部高于下部。稀土元素特征（含锰白云岩），$\Sigma LREE=31.75\times10^{-6}$，$\Sigma HREE=2.77\times10^{-6}$、$\Sigma REE=34.52\times10^{-6}$、$\Sigma LREE/\Sigma HREE=11.46$，$La/Yb=19.09$，$\delta Eu=0.645$，$Eu/Sm=0.183$。

高于庄组主要出露于本区蓟县官庄至柏王庄以及田吉素、前干涧等地，在于桥水库以北和蓟县山前基岩浅埋区，第四系覆盖层之下也有分布。

高于庄组在蓟县地区岩性、层序、岩相及厚度等基本是稳定的，横向上略有一些小的变化。如一段底部的含砾长石石英砂岩，在本区东部遵化县大张庄一带厚达10 m，到蓟县下营与孙各庄之间减为3～4 m，再向西，到兴隆县境内水厂村一带则不足1 m厚，从东到西逐渐减薄，呈尖灭的趋势。同时，对下伏大红峪组顶部白云岩侵蚀间断现象也不明显。再如四段底部砾屑白云岩，在蓟县柏王庄一带最为发育，可见2～3层，向西层数减少，至兴隆境内则完全消失。本组在蓟县地区总的变化规律是东部陆源碎屑和内碎屑含量较高，西部铁质和灰质成分较高。

【其它】 高于庄组三段底部产有沉积型锰矿，其特点是伴生硼矿，主要分布在坝尺峪—东水厂—前干涧一带，含矿层位稳定，矿化连续，在蓟县绵延30余公里，构成著名的“蓟县式”锰硼矿床。

杨庄组 Jx*y* (12-0006)

【创名及原始定义】 1934年高振西、熊永先、高平创名，原称杨庄红色页岩，创名地点位于天津市蓟县城北罗庄乡杨庄村一带。原始定义：直接覆盖在高于庄灰岩之上，为一特有的血红色页岩状沉积系列。厚层，有白色斑点，很像红色石灰泥，可能称之为红色泥岩较好。

在整体上杨庄红色页岩是红、白相间，但经化验其物质是相同的，岩性特征无明显不同。厚度估计在410 m。此页岩与高于庄灰岩之间的接触关系十分明显，很可能为一平行不整合。

【沿革】 除个别称杨庄层（申庆荣等，1958）之外，从1959年第一次全国地层会议之后所有文献均称为杨庄组。

【现在定义】 指高于庄组之上，雾迷山组之下的一套具特殊的红色或红、白相间颜色的含粉砂泥状白云岩，夹燧石白云岩、白云质灰岩及沥青质白云岩的岩石地层。其底部以灰白色泥状含砾砂屑白云岩与下伏地层分界；顶以大套红色岩层消失后始现的块层藻白云岩与上覆雾迷山组分界。与下伏及上覆地层均为整合接触。

【层型】 正层型剖面位于天津市蓟县城北罗庄乡三间房（117°28′04″，40°07′24″）（1964年由陆宗斌、张广坤重测）。

上覆地层：**雾迷山组** 灰、深灰色块层燧石条带细晶灰质白云岩

——————— 整　合 ———————

杨庄组　　总厚度773 m

三段

10. 深灰色沥青质细晶白云岩与紫红、灰白色泥晶白云岩互层。前者有纹层状、波纹状叠层石，偶含不规则的燧石透镜体和黑色豆状燧石（直径5 mm），时见豹皮状沥青质白云岩；后者含陆源石英砂，磨圆度较好，粒径0.5～1 mm，岩石多贝壳状断口，风化面呈龟背花纹，向上渐变为灰紫、浅灰色，泥质减少，碳酸盐增加，并出现略含沥青的白云岩及黄铁矿透镜体。一般本层下部有三层沥青质白云岩，厚度为1～3 m左右　　130 m

二段

9. 紫红色含粉砂泥晶白云岩、砖红色含不规则燧石团块泥晶白云岩与钙质页岩互层。具明显的韵律性，韵律层一般厚1～5 m，底部一般为含有石英砂粒的紫红色泥晶白云岩；中部为砖红色中厚层含不规则燧石团块的泥晶白云岩；顶部为灰白色钙质页岩，韵律层向上增厚　　70 m

8. 灰白色与紫红色含砂泥晶白云岩构成的韵律层，每个韵律层下部为含砂灰质白云岩，砂的成分主要为石英，次为燧石，粒径0.6～1 mm；上部为紫红色中厚层泥晶白云岩，含细小的交错层及波痕。韵律层下薄20～80 cm，上厚1～2 m。前者含黑色豆状燧石　　124 m

7. 上部为中厚层灰紫红、砖红色含盆屑细晶白云岩，其中含球状体，核心呈海蓝色，一般有3～4环，球体直径为1～5 mm，见不规则燧石透镜体，并有小型楔状交错层；下部为灰白色含砂泥晶白云岩，砂粒主要为石英及燧石，粒径2～3 mm，磨圆度极高　　82m

6. 灰白色含砂泥晶白云岩、灰白或肉红色燧石细晶白云岩、紫红色含砂泥晶白云岩组成的韵律层。韵律层厚0.6～1.2 m，向上变厚可达4～5 m。韵律底部为灰白色含砂泥晶白云岩，碎屑为石英砂，粒径0.5～2 mm，圆度极好，紫红色含砂泥晶白云岩处于韵律顶部，二者间为细晶白云岩，含不规则燧石透镜体或团块，燧石为紫红色，并有白色及杏黄色镶边　　140 m

5. 灰白色泥晶白云岩夹灰色含燧石结核结晶白云岩。前者岩石致密坚硬，贝壳状断口，风化后呈页片状；后者略含沥青质，燧石结核呈猫眼状，直径15～20 cm，燧石条带宽3～4 mm，有时呈10 cm厚的燧石层　　18 m

一段

4. 灰、灰白色微含沥青质白云岩和巨厚层层纹状白云质灰岩。前者含不规则燧石条带，条带底面极不平整，在本层底部集中分布，向上减少；上部为白云质灰岩，灰色含燧石结核，多为连生产出，其次为具有同心圆的球状结核　　27 m

3. 暗紫红色含砂泥晶白云岩及灰色燧石条带、燧石团块白云岩。前者坚硬致密，贝壳状断口，含少量石英砂，交错层和波痕发育，有白色斑点，在新鲜面上为黄绿色球状结核，核心为海蓝色圆球，绕以3～4圈蓝、白相间的环纹，与围岩色虽不同，但成分无别；后者所含燧石团块形状极不规则，有团块状、结核状，也有切穿层理者，大致是底部为不规则团块，中部为条带状，上部为不规则团块的结核状，本层两种岩石各占二分之一，前者居下，后者居上 38 m

2—1. 上、中部为紫红色含粉砂泥晶白云岩与灰白色厚层燧石条带细晶白云岩互层。前者致密坚硬，贝壳状断口，易风化为薄板状及纸片状，时含少量石英砂粒，局部含砂较高，有交错纹及波痕，在新鲜岩石断面可见球状结核，由3～4环组成的海蓝色核心，有时也出现黄绿色的圆斑；后者含条带状燧石，少量透镜状，局部地段为层状硅质岩。下部为灰白色页片状砂、砾屑白云岩与灰色燧石微晶白云岩互层，底为灰白色页片状含砾砂屑白云岩 144 m

———— 整 合 ————

下伏地层：**高于庄组** 灰色厚层硅质条带微晶白云岩

【地质特征及区域变化】 杨庄组在蓟县三间房剖面上可详分为三段：

一段：灰白色微—薄层砂质白云岩、紫红色厚—块层含泥铁质白云岩、浅灰、灰色中—块层燧石白云岩组成的韵律层。下部岩性在横向上常相变为较厚的灰白、紫红色砂砾屑白云岩。厚度为209 m。

二段：主体岩性为紫红色中—块层含粉砂泥质白云岩。上部紫红色与灰白色呈互层状，层面见泥裂、波痕、岩盐假晶等。厚度为434 m。

三段：砖红、紫红色含粉砂泥质白云岩与灰白色含粉砂或砂质白云岩互层。风化断面具龟裂纹是显著的识别标志。下部夹数层块层灰色藻白云岩、灰岩和燧石白云岩。叠层石丰富。厚度为130 m。

杨庄组叠层石代表分子有：*Yangzhuangia weizhangziensis*，*Y. columnaris*，*Tubaeforma regularis*，*Microstylus* cf. *pexplexus*，*M.* cf. *zhaizhuangensis*，*Scyphus parvus*，*Confusoconophyton* f.。以微小型杯状、柱状为主。微古植物化石有：*Trematosphaeridium holtedahlii*，*T. minutum*，*Trachysphaeridium hyalinum* 等。

杨庄组以白云岩为主，碎屑岩和粘土岩少量，具醒目的紫红色，普遍含次棱角状的陆源石英颗粒，常见泥裂、石膏、岩盐假晶，总体上是一套泻湖相蒸发岩建造。

杨庄组三段上部紫红色含砂泥质白云岩中夹若干层致密坚硬的灰色藻白云岩、灰岩和燧石白云岩，最顶部为灰色页片状含砂泥质白云岩。进入雾迷山组后，致密坚硬的白云岩占主导地位，含粉砂泥质白云岩成为夹层，作为雾迷山组基本沉积韵律的底层出现，不再出现大套的红色岩石。当前界线划在大套红色岩层消失之后，出现的第一层致密坚硬的块层藻白云岩的底面。

据下伏高于庄组年龄，推断它的下界为1400 Ma左右。

杨庄组的不溶残渣中的标型矿物比较简单，主要为暗绿色电气石-石榴石组合，仅在顶部和下部为锆石-电气石-石榴石组合。

杨庄组的元素组合复杂，富集元素为B、Ba、Ca、Mg，稳定元素为Li、B、Na、Mg、K、Cu、Ba。Li的浓集克拉克值为10，Ba为4，意味着本组沉积时处于盐度较高的半封闭或泻湖环境。本组取样（含泥白云岩）稀土元素配分特征为：$\Sigma LREE=6.83\times10^{-6}$，$\Sigma HREE=0.46$

$\times10^{-6}$，$\Sigma REE=7.29\times10^{-6}$，$\Sigma LREE/\Sigma HREE=14.85$，$La/Yb=44.39$，$\delta Eu=0.626$，$Eu/Sm=0.138$。

杨庄组在本区出露于蓟县北部小西沟、杨庄村至穿芳峪以及芦家峪、石塘峪、沟河北、双庵等地，于桥水库库区第四系之下也有分布。

杨庄组在蓟县地区岩性、岩相都比较稳定。厚度略有些变化，由东到西有增加之势。东部三间房层型剖面厚 773 m，向西至平谷县上堡子村一带增加到 848 m。一段厚度变化不明显，均在 200 m 左右。但其下部发育的砾屑白云岩在三间房一带仅 10 m 左右，而且砾径也不大，从沟河向西开始逐渐增厚，至平谷上堡子一带砾屑白云岩占据了一段的下半部，断续出露近百米。砾径变大，甚至岩层由大小不等的岩块所组成，最大的岩块直径可达 1 m 以上。二段的厚度巨大，向西增加的幅度最大，东部 400 余米，西部达 550 m，其中零星所夹的燧石白云岩、灰岩、灰云岩的夹层也由东向西层数增多。三段的厚度向西也略有增加，其中所夹的块层藻白云岩和藻灰岩，在单层厚度和岩性特征等方面没有差别，在东部青山岭一带发育三层，地貌上呈明显的三级陡坎，而在西部地区只能见到两层。

雾迷山组　Jx*w*　（12-0007）

【创名及原始定义】　1934 年高振西、熊永先、高平创名，原称雾迷山灰岩，创名地点位于天津市蓟县城西五名山。原始定义：仍为一矽质灰岩系列。平均厚度 1 150—1 500 m 或更厚，为致密块状灰岩，特别是在石灰岩中夹有燧石纹层。由于燧石与石灰岩的硬度不同，燧石纹层在风化面上极易见到。在下部，此种特征较上部差。在灰岩中部有一层仅几米厚的红色页岩，可能为侵蚀间隔，但也可能是水在变浅时的相变化。

【沿革】　雾迷山是蓟县城西 10 多公里处无名山（现地形图称五名山）的谐音。此后除个别（申庆荣等，1958）称雾迷山层外，从 1959 年第一次全国地层会议之后改称雾迷山组沿用至今。长期以来，除本组内部段（或亚组）的划分各家存在不同的意见外，组的范畴基本没有变化。

【现在定义】　指杨庄组之上，洪水庄组之下的一套富镁碳酸盐岩，夹少量碎屑岩和粘土岩的岩石地层。主要由燧石条带白云岩、叠层石白云岩、沥青质白云岩及少量泥状含粉砂内碎屑白云岩、硅质岩组成。其底部以一层块层藻白云岩与下伏杨庄组分界；顶以黑色粉砂质页岩始现与上覆洪水庄组分界。与下伏及上覆地层均为整合接触。

【层型】　正层型剖面位于蓟县罗庄乡磨盘峪村北山顶至磨盘峪南山，再由二十里铺起沿公路至洪水庄乡洪水庄东南（117°26′09″，40°07′41″）（1964 年由潘河生、裘淑厚重测）。

上覆地层：**洪水庄组**　灰绿色含泥砂质白云岩夹灰绿色纸片状伊利石页岩

——————　整　合　——————

雾迷山组　　总厚度 3 416 m

四段

42. 灰黑色（风化面灰白色）中厚层白云岩，燧石沿叠层石生长层不连续分布　24 m
41. 灰黑色细晶和粗晶白云岩，含大量燧石团块、结核和燧石层　34 m
40. 灰黑色块状角砾状白云岩，含黑色燧石结核，夹黑色燧石层　53 m
39. 上部为白、浅灰、灰白色厚、中厚层白云岩夹大量不规则状硅质条带，由于碳酸盐的淋失，风化面多呈孔洞状，缝合线发育，每隔 3～5 cm 即有一条缝合线构造；下部为浅灰色薄层白云岩，夹数层中层、厚层粗晶白云岩　80 m
38. 浅灰色板层含燧石泥晶白云岩，间夹灰色厚层粗晶白云岩。燧石为黑色，条带状，平行

层理排列，局部呈小椭球状 221 m

37. 灰、深灰色巨厚、块层粗晶沥青质白云岩，间夹中厚、厚层细晶白云岩。白云石呈不规则的条带状分布，局部层内有荷重卷曲构造，夹黑色燧石细条带，随纹理波状起伏。此外，含硅镁质结核，风化后突出岩石表面，新鲜面和围岩无明显的界线，细晶白云岩的波状纹层发育，稀密均匀 109 m

36. 灰色巨厚、块层粗晶沥青质白云岩，间夹灰白色板层细晶白云岩和白云质砂岩。沥青质白云岩局部可见波状层理，层间界限不清楚；板层细晶白云岩，偶夹燧石结核或小条带，局部含硅镁质较高，风化后呈黄色条带；白云质砂岩中的岩屑主要为白云岩碎屑，有少量燧石碎块，多为滚圆状，少数为短棒状 66 m

35. 灰色中厚层夹板层含燧石条带白云岩、沥青质白云岩和云砾岩。白云岩局部具灰色与灰白色相同的纹层，云砾岩具竹叶状构造，层理不平整，缝合线发育，并夹硅镁质结核和透镜体 117 m

34. 灰白色厚层夹板、薄层白云岩。含黑色燧石条带、燧石层或燧石结核，波纹状层理。下部夹一层鲕屑或内碎屑白云岩，鲕屑或内碎屑呈椭圆形。底部为灰白色中厚层石英岩状砂岩，厚 3.5 m，层理平整，具交错层 123 m

三段

33. 上部为灰白色厚层含燧石结核白云岩与灰白色板层白云岩，夹一层白云质砂岩，厚层状者层理呈波状起伏，板层状者层理多平直整齐，燧石结核为黑色，形状规则，连生者为主，此外尚有硅镁质大盘状结核，多单生；下部为灰色厚层白云岩化粗晶燧石白云岩、内碎屑白云岩与燧石层或含燧石条带白云岩互层，组成韵律式组合，每个韵律厚 6～12 m，韵律的下部为薄层、板层内碎屑白云岩，具交错层，韵律中部为巨厚层白云岩化燧石白云岩，含大型叠层石，韵律层上部为燧石层或燧石条带白云岩，燧石一般为黑色，呈层状、透镜状 161 m

32. 上部以灰色块层豆状白云岩为主，间夹燧石条带白云岩或燧石层，豆粒为硅质，色深以圆球状为主，次为椭圆状，豆粒 2～3 mm，燧石条带不多，厚度较下部薄；下部为灰色巨厚层或块层燧石粗晶白云岩夹深灰色块层粗晶豆状白云岩，燧石为白色，以条带或条纹状为主，间有结核状者，与层理平行，各条带条纹不相连接，形态较规则，结核状者，以连生为主，间有单生，与围岩界线清楚；底部为叠层石白云岩 213 m

31. 深灰、灰色中厚、巨厚层燧石条带白云岩与巨型结核（或叠层石礁体）白云岩互层，夹两层灰白色砂砾屑白云岩。燧石条带白云岩呈波状层理，燧石为灰白或黑色，以条带为主，次有条纹状和结核状者。巨型结核白云岩为本层突出特征，巨型结核为硅镁质，断面上结核底面平坦，顶呈弧形凸起，在层面上呈扁椭圆状，颜色为深灰、浅灰色，结核大者直径可达 1 m，小者 0.5 m。砂砾屑白云岩有再沉积的结核块体，排列杂乱 35 m

30. 上部为灰色麻点状或结核状白云岩、黑色燧石层与灰白色含黑色燧石结核含砂内碎屑白云岩互层。结核或为灰白色硅镁质，大型不规则椭圆形，或为黑色单生或连生燧石；中部为灰色粗粒略含沥青质的白云岩，燧石形态一般皆成比较复杂的条带状，只有为数很少的黑色椭圆形硅镁质结核，局部风化后成小麻点状；下部为灰、浅灰色中厚、厚层含黑色燧石条带或结核的白云岩与淡色或黑色燧石层互层，岩石晶粒一般较粗，白云岩化显著，层理为波状，具纹层和缝合线构造，燧石呈条带状、条纹状和短棒状 82 m

29. 上部主要为灰色巨厚、厚层含条痕和豆状燧石白云岩，局部含白云质结核，层理平整，层间界线清晰；下部为灰黑色块层豆状白云岩与条痕状燧石白云岩互层，其上夹一层放射状燧石层，白云岩化较为显著，含黑色大型单个或连生的燧石结核 120 m

28. 灰黑色块层、巨厚层白云岩和灰白色块层、板层豆状白云岩及条带、条纹、结核状燧石白云岩互层。色深者大部分为粗晶结构，灰白色且成层薄者多为细晶或泥晶结构，燧石

为黑色，下部夹一层云砾岩 17 m

27. 灰白色厚、中厚层含砂白云岩和白云岩夹一层绿色鲕状白云岩 28 m

26. 灰黑色中厚层含白色燧石白云岩和黑色燧石层互层，一般下部燧石层含量少，多为白色燧石条带，偶有大小不等的硅镁质结核，内有大型交错层，向上黑色燧石增多，成燧石层或燧石结核层 52 m

25. 灰色薄层云砂岩、云砾岩、白云岩和黑色燧石层，依次（自底向顶）组成互层，在每层燧石的顶面，往往为不平整的小间断面隔开，燧石形态一般较规则，大致平行层理，局部可见黑色燧石结核 22 m

24. 紫红色中厚层含粉砂泥晶白云岩，夹硅质层和一层砾屑泥晶白云岩。含粉砂泥晶白云岩风化后呈半疏松状，有少量白色斑点，石英粉砂分布不均，在单层中成比较集中的不规则条带。砾屑泥晶白云岩的砾屑成分为灰色白云岩和红、灰色燧石，并有石英砂。本层底部层面凹凸不平，其下似有古风化壳 35 m

23. 上部为浅灰色中厚、巨厚层粗晶白云岩，夹白色燧石层和燧石砾岩，白云岩中方解石和白云石成宽条纹状相间分布，风化后白云石条带凸出在表面上，远观之颇似白色燧石条带；中部为灰白色中厚、巨厚层含黑色和白色燧石条带的粗晶叠层石白云岩；下部为灰白色中厚层微晶白云岩和略含燧石的粗晶白云岩，燧石呈条带或放射状，底部有一层灰白色细粒石英砂岩透镜体 55 m

22. 上部为灰色中厚层含燧石纹层状白云岩，间夹数层含白色（风化面淡砖红色）硅质薄层粗晶白云岩，其底夹一层砂岩，白云岩的纹层由白云石和方解石组成，并有平直的条痕状燧石，向上燧石含量增多，形态复杂，除条痕、条带外，尚有放射状、透镜状和少数不规则团块状；下部为灰色厚层粗晶白云岩，间夹略含燧石条纹白云岩，其顶和底各夹一层不稳定的灰黑色不规则层状粗晶沥青质白云岩，厚层白云岩具疑生构造，燧石条纹白云岩的燧石由黑白两种细纹相间组成，有的呈小透镜状或条痕状 60 m

21. 上部为灰黑色中厚层条纹状沥青质粗晶白云岩和灰黑色含燧石条纹白云岩，沥青质白云岩具纹层构造，燧石多见于条纹状白云岩中，燧石往往集中分布，有的呈结核状或放射状；下部靠上为灰色厚层粗晶含燧石条带白云岩，燧石为灰黑色，呈断续条纹状或波状，中间为灰色略带微紫色中厚、厚层含砂内碎屑白云岩，靠下为灰色巨厚、中厚粗晶沥青质白云岩，并有黑白相间组成的细条带，与层理大致平行 60 m

20. 砖红色中厚、巨厚层致密含砾屑的含砂泥晶白云岩。砂为次圆状，在每单层底部含量增高，向上含砂减少，砂粒变细，下部含砾屑，沿走向可变为含细砾石英砂岩。本层普遍有白色斑点，成圆球状，长条状，边界不清楚，与砖红色围岩的颜色逐渐过渡 22 m

二段

19. 以灰白色粗晶燧石条带白云岩为主，夹黑色粗晶含沥青质内碎屑白云岩，顶部为白色（微带红色）鲕状硅质岩，底部为黑色粗晶沥青质白云岩。燧石呈条带或放射状，在含沥青质内碎屑白云岩中为燧石层、结核或透镜体 111 m

18. 灰白色厚、中厚层白云岩。白、青灰色燧石条带密集成群，顶部夹厚、中厚层白色燧石层，底部有 1 m 厚的内碎屑白云岩 75 m

17. 灰白色中厚层泥晶白云岩，顶部夹白色含砂泥晶白云岩，底部为灰色并有黑色斑点的中晶白云岩。泥晶白云岩中含燧石条带，下部为灰白色短条带，条带密集时成宽条带群，延长不远，局部呈放射状，上部为青灰色细条带 65 m

16. 上部为灰色块层白云岩和含青灰色燧石条带中厚层白云岩；下部为黑色含沥青和燧石条带的白云岩和灰白色中厚、厚层泥晶白云岩，夹厚层燧石层 72 m

15. 上部为灰、灰白色块层、中厚层白云岩与燧石条带白云岩，夹内碎屑白云岩，燧石条带白云岩中燧石条带呈层状，多黑色，少数为白色，有单条带、放射状、宽条带和条带群，条带群中夹碳酸盐岩，风化后凹下，形成暖气片状；中、下部以灰色燧石条带和藻团粒白云岩为主，夹灰白色块层粗晶含内碎屑白云岩 101 m

14. 灰黑色厚、中厚、块层燧石条带白云岩与灰色块层粗晶内碎屑白云岩互层，夹大量黑色沥青质白云岩，底部有石英岩状砂岩。燧石为条带、条带群或透镜状、放射状 80 m

13. 灰黑、灰白色中厚层中、粗晶燧石白云岩夹白色薄层含粉砂泥晶白云岩、灰白色粗晶叠层石白云岩、层纹状沥青质白云岩。燧石以具纹层状的黑色条带为主，部分呈团块和透镜状 136 m

12. 中、上部为灰黑色厚层含燧石细晶白云岩夹少量黑色中厚层内碎屑白云岩。燧石为黑色，多呈条带状，部分呈结核状和放射状；下部灰白色中厚层燧石条带白云岩夹沥青质白云岩 126 m

11. 上部为灰白色含粉砂泥晶白云岩夹灰色中厚层燧石条带细晶白云岩，前者具页片状层理，后者燧石条带宽且延长远而稳定，呈薄层状；下部以灰白色块层燧石条带泥晶白云岩为主，夹少量白色含粉砂泥晶白云岩 82 m

10. 灰白、灰、深灰色中厚、块层含燧石白云岩夹白色含粉砂泥晶白云岩。前者燧石以黑色为主，少见黄、白色，一般为细条带状、粗条带状、透镜状、链状和不规则的团块状；后者常风化为页片状 72 m

9. 顶部为灰褐色薄层含沥青质白云岩；上部为灰白、灰黑色块层内碎屑白云岩夹薄层含沥青质白云岩；下部为灰褐色薄层含沥青质白云岩、灰白色燧石条带细晶白云岩、白色含粉砂泥晶白云岩和黑色燧石层，顶及底各夹一层含叠层石白云岩 63 m

一段

8. 灰黑、灰色块层、中厚层含燧石粗、中晶白云岩与灰白色块层细晶白云岩。前者常含白、青灰色燧石条带及不规则团块；后者常具白云岩化。顶部有一层灰黑色纹层状沥青质白云岩 45 m

7. 灰黑、灰白色中厚、块层燧石条带细、粗晶白云岩互层，夹白色含粉砂泥晶白云岩、灰白色块层内碎屑白云岩、叠层石白云岩、深灰色中、巨厚层沥青质细晶白云岩。燧石为黑色、黄色及少量白色，条带状、不规则团块状、圬木状、暖气片状。以上各种白云岩中常受到白云岩化，白云石脉切穿纹层 109 m

6. 上部为灰、灰黑色燧石条带粗、细晶白云岩夹灰黑色含沥青质白云岩（叠层石）、白色页片状含粗砂泥晶白云岩，燧石呈层状、条带状、条纹状；中部为深灰色中厚层含燧石条带、结核中、细晶白云岩，夹白色页片状含粉砂泥晶白云岩，燧石为黑、白色，呈条带状、条纹状、团块状、结核状，以单生为主，个别为连生；下部为浅灰色中厚层含燧石条带细晶白云岩，夹内碎屑白云岩和炉渣状含叠层石燧石层，燧石为白色、青灰色，短条带状、炉渣状、团块状、结核状。以上各种岩石常有白云岩化现象，后生的白云石构成团块状、脉状，并切穿层理 116 m

5. 顶、底为深灰色巨厚、块层含沥青质白云岩；中、上部为灰黑色燧石条带粗晶白云岩与灰白色燧石条带细晶白云岩互层夹燧石层、白色页片状含粉砂泥晶白云岩和云砾岩，燧石为黑色、白色，呈层状、条带状、纹层状、不规则团块状和结核状，层状燧石中有叠层石集合体；下部为灰色细晶白云岩和白色含粉砂泥晶白云岩，前者有宽 30～40 cm 的蜂窝状燧石层，后者为页片状。以上各种白云岩中常有白云岩化现象，后生白云石呈脉状或团块状，并切穿层纹 55 m

4. 上部为灰白色块层、巨厚层燧石条带细晶夹粗晶白云岩与白色页片状含粉砂泥晶白云岩互层，夹云砾岩，燧石呈条带状、纹层状和放射状，有黑白两种；下部为灰黑色块层燧石条带含沥青质白云岩与白色含粉砂泥晶白云岩互层，前者有同生的白云岩碎屑，具交错层，含白色燧石条带 27 m

3. 上部为灰黑色块层燧石条带细晶白云岩与白色页片状含砂泥晶白云岩互层，夹紫红色含粉砂泥晶白云岩，前者燧石多呈短条带状，后者常夹紫红色钙质胶结的石英细砂岩，并有少量燧石条带；下部为深灰色块层、纹层状含不规则燧石条纹和团块的含沥青质白云岩夹灰白色块层燧石条带白云岩、白色含粉砂泥晶白云岩、灰黑色块层燧石团块微细晶白云岩和燧石层，燧石为黑色，呈条带状、结核状，结核连生或单生 117 m

2. 白色页片状含砂泥晶白云岩与浅灰、灰黑色块层燧石条带、条纹粗晶白云岩互层。燧石呈宽条带状、透镜状、团块状、不规则状，黑色，风化后呈蜂窝状、圬木状，含砂泥晶白云岩易风化成碎片状、粉末状 106 m

1. 灰、深灰色巨厚、块层含不规则燧石透镜体的细晶白云岩。燧石为灰白、乳白色，少量黑色，呈饼状、扁豆状，含少量沥青质，向上沥青质减少 68 m

——————— 整　合 ———————

下伏地层：**杨庄组**　深灰色细晶沥青质白云岩与紫红、灰白色泥晶白云岩互层

【地质特征及区域变化】　雾迷山组是本区分布最广、在整个中—晚元古代地层中沉积厚度最大的一个岩石地层单位。层型剖面厚度 3416 m，约占中—上元古界总厚度的 1/3。以岩性和层序稳定，富镁碳酸盐岩占绝对优势，夹少量碎屑岩和粘土岩，单岩类碳酸盐岩型沉积韵律发育，燧石含量高，形态复杂，富含叠层石和有机质为特征。雾迷山组在本区可详分为 4 个段，各段特征如下：

一段：下部为灰白色页片状含砂内碎屑泥晶白云岩与灰、深灰色燧石条带白云岩组成的韵律层，夹浅红色页片状含砂内碎屑泥晶白云岩，叠层石均为微小型；中部为褐灰、深灰色厚—块层微晶白云岩、细晶白云岩，锥状和微小型叠层石发育；上部为灰白色薄—厚层泥晶砂屑白云岩与浅灰色厚层硅镁质条带细晶白云岩、灰黑色燧石条带微晶白云岩、灰黑色厚层中晶白云岩、深灰色块层凝块状藻白云岩、灰黑色厚—块层葡萄藻白云岩以及黑色燧石层组成的不同样式的韵律沉积，锥状、柱状及微小型叠层石丰富。厚度为 643 m。

二段：灰白色页片状含粉砂内碎屑白云岩或灰白色薄—中层泥晶砂屑白云岩与灰—浅灰色厚层含硅镁质结核、条带微晶白云岩、褐灰色块层凝块状藻微晶白云岩、褐灰色厚—块层亮晶葡萄藻白云岩、灰—灰黑色厚层燧石条带细晶白云岩、深灰色燧石条带互层状硅质岩与微晶白云岩以及黑色燧石层组成的不同样式的韵律沉积。本段的上部夹数层大型锥状叠层石礁体，底部夹数层厚度较大的灰白色页片状含粉砂或粉砂质的砂屑白云岩，最底部常见饼状、椭球状的砾屑。本段底部地貌上呈负地形。厚度为 983 m。

三段：下部以鲜明的浅肉红色、砖红色的页片—中厚层含砂或砂屑白云岩为特征，夹灰白色页片状、中薄层含粉砂砂砾屑白云岩与深灰—灰黑色燧石条带层纹状微晶白云岩、灰—灰白色细—中晶白云岩、燧石层等组成的韵律层，底部砖红色含砂或砂屑白云岩常相变为铁质胶结的石英细砂岩；中部为灰白色页片状—中薄层含粉砂砾砂屑白云岩、灰黑色燧石条带层纹状藻白云岩、灰黑色巨厚—块层凝块状藻白云岩所组成的岩石组合，冲洗层理和放射状板砾岩十分发育；上部为灰—灰白色页片状、薄—中层含粉砂砾砂屑白云岩、灰黑色燧石条带层纹状藻微晶白云岩组成的韵律为主。本段下部含层状、锥状和微小型叠层石，上部含丰富多样的叠层石，其中巨大的锥状叠层石的核心呈炮弹状，层位稳定，可作为地层划分对比的辅助标志。厚度为 963 m。

四段：底部和下部富含内碎屑和陆源碎屑，常出现灰白色中厚层白云质砂岩，横向上可相变为石英岩状砂岩或灰白色厚层含白云质硅质胶结的复屑砂岩；下部为灰白—浅灰色板层

微晶白云岩、微晶砂屑白云岩，夹浅褐—褐灰色巨厚—块层藻白云岩；中部为浅灰、浅褐色中—厚层含粉砂砾砂屑微晶白云岩与灰—灰褐色中—厚层含云灰岩、含云灰岩砾屑白云岩组成的韵律沉积；上部为浅灰—深灰色中薄—中厚层砾砂屑白云岩、浅灰色中厚层硅镁质条带结核白云岩、褐灰色厚层亮晶葡萄藻白云岩以及灰色薄—厚层燧石条带组成的韵律沉积，近顶部夹两层分布十分稳定的灰白色厚层含砾砂屑泥微晶白云岩。本段底部发育柱状叠层石，顶部由叠层石构成巨厚层状的叠层石礁体，叠层石柱体间被海绿石所充填。厚度为 827 m。

由于雾迷山组岩石比较坚硬，厚度巨大，地貌多形成高山和陡崖。

雾迷山组叠层石代表分子有：*Colonnella* f.，*C.* cf. *discreta*，*Paraconophyton incospicum*，*Kussiella wumishanensis*，*K.* f.，*Pseudochihsienella inconspicua*，*Svetliella* f.，*Tilemsina inconspicua*，*Petaliforma epicharis*，*Conophyton lituum*，*C. concellosum*，*C. conicoforme*，*C. shanpolingensis*，*Jacutophyton* f.，*J. furcatum*，*Osagia* f.，*Pseudoosagia curcumata*，*Stratifera* f.，*Wumishanella chuangzilingensis*，*Microstylus* f.，*M. jiulongquanensis*，*Sinoconophyton* f，*Scyphus* f.，*S. irregularis*，*S.* cf. *irregularis*，*S. parvus*，*S. minglingensis*，*S.* cf. *parvus*，*Straticonophyton* f.，*St. cuihuashanense*，*Pseudogymnosolen* f.，*P. shisanlingense*，*P. condylosa*，*P. epiphytum*，*P. mopanyuensis*，*P. bulbosum*，*P. flabelliformis*，*Microconophyton parajacutophytum*，*Lochmecolumella xiaogongmenensis*，*Clavaphyton* f.，*Coalesca columnaris*。微古植物有：*Asperatopsophosphaera umishanensis*，*A. umishanensis* var. *minor*，*Pseudozonosphaera verrucosa*，*Synsphaeridium conglutinatum*，*Quadratimorpha tenera* 等。藻类化石主要有：*Oscillatoriopsis jixianensis*，*O. luozhuangensis*，*O. qingshanensis*，*O. acuta*，*O. formosa*，*O. doliocellularis*，*O. platensis*，*Palaeolyngbya* sp.，*P. elliptica*，*Saccolyngbya qingshanesis*，*S. intermedia*，*S. inconspica*，*Palaeoborzia cervicalis*，*P. bacillum*，*Palaeogloeothece wumishanensis*，*Palaeochroococcus jixianensis*，*Palaeoaphanothece ovalis*，*P. spissa*，*P. magma*，*Saccophycus nitidus*，*Corymbococcus major*，*Myxococcoides majus*，*Stigonematopsis wumishanensis*，*Templuma sinica*，*Hyalothecopsis sinica*，*H. nanshanensis*，*Uronemopsis tenuis*，*Pandorinopsis jixinensis*，*Jixiania robusta*。它们分属蓝藻、绿藻两门。

据岩石类型、韵律特征、生物组合以及沉积构造，该组为滨海—浅海—滨海相的多韵律沉积。

雾迷山组单岩类碳酸盐岩型沉积韵律特征十分突出，在纵向层序中，具有类似特征的岩石、古生物和沉积构造相似的规律性多次重复出现。赵震（1982）概括了雾迷山组这种基本沉积模式（表 2-3）。在实际上大多数的韵律是不完整的，主要表现在某些层次的缺失，还有某些层次岩石类型的变化。蓟县地区根据实测统计结果表明，每个韵律的厚度变化也较大，最薄的 0.6 m，最厚达 37 m。三千余米厚的雾迷山组至少有 380 个基本韵律，每个韵律之间均有极清楚的岩层接触突变界线。雾迷山组主要是由这些基本韵律单元叠置而成。

雾迷山组顶部为厚至巨厚层叠层石白云岩，向上出现黑色粉砂质页岩，更上则为黑色粉砂质页岩与薄层白云岩互层，这是洪水庄组底部的特征。当前洪水庄组与雾迷山组的界线划在首次出现的黑色粉砂质页岩的底面。

雾迷山组不溶残余矿物组合自下而上可分为 7 个组合：①2—5 层为淡玫瑰锆石带；②6—8 层为锆石-石榴石带；③9—13 层为无色带黄锆石（电气石）带；④14—19 层为无色透明锆石带；⑤20—28 层淡玫瑰锆石-暗黄色电气石带；⑥29—33 层无色锆石带；⑦34—40 层为淡玫瑰锆石-石榴石带。

表 2-3　雾迷山组基本沉积韵律层模式　　（据赵震，1982）

岩石特征 韵律部位	颜色	岩性	单层厚	断口	层理	沉积构造	古生物	厚度（cm）
顶层	灰黑	硅岩，含陆屑白云岩	薄层	参差	波状	泥裂、水流小波痕，岩盐假晶、雨痕	?	5～10
上层	黑灰	含灰白色燧石条纹—条带白云岩	厚层	贝壳	平整	浪成大波痕、雨痕、菊花状板砾，缝合线	锥、柱状叠层石	30～200
中层	深灰	白云岩	巨厚层	不平坦	块状	小型交错层	弥散粒石	30～300
下层	灰	含灰黑色燧石条纹—条带白云岩	中层	平坦	波状	交错层，雨痕，水流小波痕	流纹—穹柱状叠层石	30～200
底层	浅灰	盆屑白云岩含陆屑白云岩	页片层	参差	紊乱状较平整	泥裂，鸟眼，水流小波痕	层纹状叠层石	30～150

雾迷山组地球化学最大特点是元素组合简单，含量极微。富集元素为 Ca、Mg。稳定元素有 Co、B、Ca、Mg，下部还有 Na、Cu、Ba。从杨庄组到雾迷山组 Fe/Mn 由 28.9 降至 17.89。本组还出现 Ge，且与 Ba、Li、K 关系密切。本组取样（沥青质白云岩）稀土元素配分特征为：$\Sigma LREE=6.08\times10^{-6}$，$\Sigma HREE=0.46\times10^{-6}$，$\Sigma REE=6.54\times10^{-6}$，$\Sigma LREE/\Sigma HREE=31.22$，$La/Yb=20.00$，$\delta Eu=0.558$，$Eu/Sm=0.123$。

雾迷山组在本区蓟县地区的岩性、层序、岩石组合、叠层石面貌等在横向和纵向上的分布基本稳定，厚度与层型剖面相比也无大的变化。虽然如此，仍可在横向上找到一些差异。如三段下部的“红层”，在蓟县城北普遍可见到 4 层，最下面的一层较薄，呈页片状，仅 3～4 m 厚，常有灰白、灰绿色的页片状砂屑白云岩的夹层，横向上可见到由含砂砂屑白云岩相变为铁质胶结的石英细砂岩的现象。中间的两层呈醒目的紫红、砖红色，中厚层状，单层厚度大，最厚达 35 m。第四层颜色呈淡粉、浅肉红色，底部富含陆源碎屑和内碎屑。四层各具特色，极易对比。而蓟县城南则大不相同，表现在层数明显增多，单层厚度减薄，各地的层数不等，层与层之间不易对比，最多时有 13 层。最下面一层含有大量的红色硅质结核，在蓟县城北相同层位含量要少得多。其次，四段底部的砂岩，仅在闪坡岭和黄家山一带有出露，前者厚 3.5 m，后者 20 m，分布极不稳定，呈透镜状，侧向很快尖灭，被白云硅质胶结的复屑砂岩或含内碎屑白云岩取而代之。再如本组灰质成分最高的是四段中部，在蓟县大岭沟，闪坡岭、狐狸峪等地岩石类型为含云灰岩、含云灰岩砾屑白云岩，CaO 最高可达 49%，向西逐渐减少，至三河县庄果峪一带则全部变成白云岩。

洪水庄组　Jx*h*　（12-0008）

【创名及原始定义】　1934 年高振西、熊永先、高平创名，原称洪水庄页岩，创名地点位于蓟县城北洪水庄乡洪水庄。原始定义：本页岩仍为黑色，但也可见有暗灰及灰绿色岩层，在其底部出现褐黑色砂岩和页岩，中部则出现黑色、灰色乃至绿色页岩。上部为相对较浅色调沉积，灰色及褐色页岩夹于白色石英岩中。本页岩以其较厚的单层厚度及无碳化而易与串岭沟页岩相区别，其厚度约 200 m，这也比前者薄得多。

【沿革】 除个别称洪水庄层（申庆荣等，1958）外，从 1959 年第一次全国地层会议改称洪水庄组之后，沿用至今。

【现在定义】 指雾迷山组之上，铁岭组之下的一套灰黑、灰绿、褐灰、棕黄色含石英粉砂伊利石页岩，上部夹薄层石英砂岩，下部夹板层含泥砂质白云岩的岩石地层。其底部以黑色粉砂质页岩与下伏雾迷山组分界；顶以灰白色中厚层中粒石英砂岩始现与上覆铁岭组分界。与下伏及上覆地层均为整合接触。

【层型】 正层型剖面位于天津市蓟县洪水庄乡床子岭西南至老虎顶（117°23′09″，40°04′19″）（1964 年由蒋永年、冯群跃重测）。

上覆地层：**铁岭组** 灰白色中、厚层石英砂岩

——————— 整 合 ———————

洪水庄组 总厚度 131 m

4. 上部为灰白、棕色厚层、板层粉砂质页岩，局部夹细粒石英砂岩或粉砂岩，粉砂为石英、铁锰矿物及少量绢云母，胶结物以硅质、钙质为主，次为铁锰质，岩石中纹层构造由石英砂粒和铁锰质组成，两者黑白相间；下部为绿、黑、棕色纸片状页岩夹板层、厚层石英砂岩、粉砂岩，页岩为纤维层状构造，含少量石英砂粒和铁质结核。结核在断面上呈饼状、透镜状，平行或切穿层理，石英砂岩含少量铁质结核 40 m
3. 灰绿色（风化面为褐绿色）纸片状页岩夹黑色粉砂岩，粉砂岩多分布于下部，页岩具粉砂泥岩结构，纤维层状构造 33 m
2. 黑色纸片状含粉砂质页岩夹薄层粉砂岩，页岩风化面有小空洞，多为椭圆形，顺层分布 12 m
1. 灰白、淡灰绿色板层含泥砂质白云岩夹灰绿色纸片状伊利石页岩，泥质成分由下而上逐渐增多，含泥砂质白云岩，显微层状构造，风化面黄褐色，纹层突出呈水平和缓波状，白云岩和页岩间夹燧石结核，层状分布，连生或单体出现，呈上平下凸的透镜体，影响白云岩层面呈不平整的波状，结核层共出现 7 层 46 m

——————— 整 合 ———————

下伏地层：**雾迷山组** 灰黑色中厚层含叠层石、含灰白云岩

【地质特征及区域变化】 洪水庄组在蓟县床子岭至老虎顶剖面上的上部为灰白、绿、黑、棕色厚层砂质页岩，纸片状页岩夹粉砂岩、石英砂岩，以及灰绿色纸片状页岩夹黑色粉砂岩，页岩中含铁锰质条纹和铁质结核；下部以灰白、浅灰绿色板层含泥砂质微晶白云岩夹黄绿色纸片状页岩为特征，含黄铁矿晶粒。最下部与雾迷山组交界处，含较多的赤铁矿结核，有时呈 2～3 mm 的赤铁矿薄层。

洪水庄组中的页岩，粘土矿物百分含量在蓟县剖面上最高，粘土矿物主要是伊利石。

洪水庄组中富含微古植物，具特征的分子有：*Chuaria circularis*，*Trachysphaeridium lachandinum*，*Tr. magnum*，*Tr. vetterni*，*Tr. attenuatum*，*Pterospermopsis* spp.，*Quadratimorpha* spp.，*Triangumorpha striata*，*Glottimorpha ordinata*，*Polynucella biconcentrica*，*Nucellosphaeridium bellum*，*Trachyarachnitum* sp. 等。宏观藻类化石有 *Chuaria circularis*。

洪水庄组纹层理非常清楚，平直稳定，白云岩的水平纹理也很发育，这种特点显示了沉积时水介质动能很小，是潮下带静水，较还原滞流环境。

洪水庄组的顶部为夹有许多层含锰白云质砂岩的粉砂质页岩，然后出现了中厚层的砂岩，

再向上出现了含锰叠层石白云岩，当前的界线就划在中厚层砂岩的底面。

洪水庄组同位素年龄黑色页岩全岩 K-Ar 法取得 1 237、1 191、1 221 Ma；Rb-Sr 法得到等时线年龄为 1 241^{+93}_{-136} Ma。综合以上测年数据，洪水庄组的年龄推定为 1 220 Ma（据天津地矿所）。

洪水庄组元素组合复杂，富集元素为 B，稳定元素有 B、K、V、Cu、Zr、Co、Si、Ca、Mg。V 的富集与有机质有关。B 的浓集克拉克值高达 9，这表明海水的盐度比较高。Fe/Mn 为 83.17，比雾迷山组高，表明本组为另一地球化学旋回的开始。V/Ni 为 11.55，Cu/Ni 为 9.09，都大大高于含粘土岩的串岭沟组和下马岭组。本组取样（含砂页岩）稀土配分特征为：$\Sigma LREE=145.35\times10^{-6}$，$\Sigma HREE=25.06\times10^{-6}$，$\Sigma REE=170.41\times10^{-6}$，$\Sigma LREE/\Sigma HREE=5.80$，$La/Yb=67.81$，$\delta Eu=0.579$，$Eu/Sm=0.160$。

洪水庄组出露于蓟县床子岭、洪水庄、代庄子、庄果峪等地，山前第四系之下也曾钻遇，地质特征无大变化。本区南部沧县隆起和黄骅坳陷构造部位则缺失本组沉积。

铁岭组　Jx*t*　(12-0009)

【创名及原始定义】　1934 年高振西、熊永先、高平创名，原称铁岭灰岩，创名地点位于蓟县城北铁岭。原始定义：本灰岩较震旦纪所有其他灰岩为纯。以富含各种类型 *Collenia* 为特征。有一种横断面为次圆形构造，纵断面为平行管状的特殊类型者仅限于本灰岩中。本灰岩的下部夹有灰色或绿色页岩层，随后为几十米厚的含 *Collenia* 的灰岩，接着是约十几米厚的单独的绿色页岩。上部为块状灰岩，含有上述特殊类型的 *Collenia*，总厚约 350 m。

【沿革】　除个别称铁岭层（申庆荣等，1958）外，从 1959 年第一次全国地层会议改称铁岭组之后，沿用至今。

【现在定义】　指洪水庄组之上，下马岭组之下的一套含盆屑、含锰白云岩，紫色、翠绿色页岩，叠层石灰岩及白云质灰岩。可分两段，以其一段顶部含钙质和铁锰质，二段上部群体生长的柱状叠层石发育为特征。其底部以灰白色中厚层中粒石英砂岩与下伏地层分界；顶以铁矿层及含铁粗砂岩或砾岩始现与上覆下马岭组分界，为平行不整合接触。

【层型】　正层型剖面位于天津市蓟县城北老虎顶（117°23′10″，40°04′20″）（1964 年由梁玉左、薛知照重测）。

上覆地层：**下马岭组**　铁矿层及黄褐色含铁粗砂岩及砾岩

——————— 平行不整合 ———————

铁岭组二段　　　　　　　　　　　　　　　　　　　　　　　　总厚度 325 m

9. 顶部具 0.5 m 左右的风化壳；上部为灰黑色泥、灰质白云岩；下部为灰白色含白云质灰岩　　6 m

8. 灰色巨厚层致密叠层石灰岩、含泥含海绿石叠层石灰岩，局部白云石成分稍高，顶部含不规则的硅质、白云质结核，叠层石发育，种类繁多，由底至顶个体由大变小，形态为弧形、墙状和柱状，前者具分叉现象，个体间充填物有白云石、海绿石、方解石，海绿石形成叠层石柱体的外膜。海绿石 K-Ar 法同位素年龄值为 11.34、11.52 Ma。含叠层石：*Scopulimorpha regularis*，*Chihsienella chihsienensis*，*Conophyton ocularoides*，*Anabaria chihsienensis*，*Baicalia baicalica*，*Colonnella cormosa*，*Pseudotielingella chihsienensis*，*Tielingella tielingensis*　　44 m

7. 灰、淡灰色中厚、巨厚层叠层石灰岩，含白云质灰岩。含燧石结核，呈带状和不规则状，偶有分叉和礁状叠层石，柱体壁外均有一层墨绿色海绿石外膜，缝合线构造发育。

含叠层石：*Baicalia laohudingensis*，*Scopulimorpha irregularis* 26 m

6. 灰白、灰黑色板层、巨厚层含结核及叠层石含白云质灰岩。纹层状构造，纹层由白云质灰岩与白云岩相间组成，风化后白云岩纹层突出，叠层石产于下部和顶部，形态为柱状，结核形态为条带状、椭圆状，成分由硅质、白云质组成，多为单体产出。白云质灰岩层间偶夹薄层不稳定灰砾岩 62 m
5. 上部为灰白、紫红色厚、中厚层含同生砾石及白云质结核的含白云质灰岩，局部夹灰砾岩透镜体，结核成连生和单体产出，成分为硅质、白云质与围岩构成互层；中部为灰白色厚、板层状含泥、砂灰岩，局部砂、泥集中，构成不规则团块，靠上含燧石结核，呈团块状、透镜状，有时为硅质、白云质结核，结核方向紊乱，平行或斜交层理；下部为灰白色厚、中厚层含白云质灰岩，锰质呈条带状，具少量燧石结核和硅质条带、团块 43 m

一段

4. 顶部为红、褐色含岩屑硅质铁锰页岩；上部以灰、灰白色板层、中厚层含锰灰质白云岩为主，风化面呈褐色，锰质呈条带状或不规则状，含少量燧石结核和同生砾石，局部形成铁锰矿层；中部以翠绿色页片状页岩与黑色页岩互层为主，靠上夹紫色页岩和少量含锰白云岩，中间夹板层、厚层含锰含灰白云岩，靠下夹海绿石细砂岩；下部为灰白、灰黑色厚、中厚层泥砂质白云岩和含灰白云岩与翠绿色页岩互层 49 m
3. 灰白、青灰色厚、中厚层含泥、砂白云岩夹灰黑、绿色薄层粉砂质页岩，两者的比例为 10∶1。白云岩偶含少量燧石结核，层间见有同生砾石，呈角砾状或竹叶状 28 m
2. 蛋青、灰、白色中厚层燧石结核含砂白云岩。燧石结核呈连生和单体出现，断面上呈透镜状，层间有同生砾石。本层中部有圆弧形叠层石，下部夹中细粒钙质石英砂岩条带，局部夹粉砂质页岩 29 m
1. 顶部为中、细粒钙质砂岩，具透镜状斜层理；上部为灰白色板层、中厚层含砂砾白云岩夹粉砂质页岩；中部为灰白色巨厚、块层含砂砾白云岩及云砾岩夹板层白云岩；下部为灰、灰白、褐色中、厚、板层中、细粒石英砂岩；底部与洪水庄组接触处为白色中厚层中粒石英砂岩，层面具波痕 38 m

——————整　合——————

下伏地层：**洪水庄组**　灰白、棕色厚、板层粉砂质页岩

【地质特征及区域变化】　铁岭组在蓟县老虎顶剖面上可划分为两段：

一段：底部为中厚层砂岩。向上为粉砂质页岩与含锰白云岩互层，上部以紫色、绿色和黑色页岩为主，其次为含锰白云岩。白云岩中含叠层石，以生物岩礁产出。本段顶部的含铁锰页岩、含锰白云岩可作为与二段的划分标志。厚度为 144 m。

二段：下部为含内碎屑、含锰白云岩与白云质灰岩互层；上部为巨厚的叠层石礁体灰岩；顶部为白云质灰岩。白云质灰岩之上发育古风化壳。岩石多为中厚层和巨厚层状，结核发育，多为硅镁质连生结核，形态呈不规则状。厚度为 181 m。

铁岭组叠层石代表分子有：*Anabaria chihsienensis*，*Baicalia* f.，*Pseudotielingella chihsienensis*，*Tielingella tielingensis*，*Chihsienella crispata*，*Ch. nodosaria*，*Ch. chihsienensis*，*Ch. palama*，*Scopulimorpha regularis*，*Sc. irregularis*，*Conophyton luotuolingensis*，*Conicodomenia longotenuia* 等。以中型至大型具各种分叉的柱状大量发育为特征。微古植物以一段紫色页岩中最为丰富，以球类为主，具特征的分子有：*Trematosphaeridium tielingensis*，*Stratimorphis didyma*，*Pterospermopsimorpha* sp.，*Pseudozonosphaeridium* cf. *asperellum* 等。本组下部发现有宏观藻类化石 *Chuaria circularis*。

从铁岭组的岩石特征，古生物组合特征分析，其属于滨海—浅海相的沉积物。

铁岭组与上覆下马岭组为平行不整合接触，这一界面所代表的运动被称作“芹峪上升”。铁岭组与下马岭组之间的关系在蓟县骆驼岭、铁岭一带都能清楚地观察到。铁岭组顶部是灰黑色泥质灰质白云岩和灰白色的白云质灰岩，其上有 0.5 m 左右的风化壳，为黑色锰土或褐红色含铁锰质的古土壤，有时能见到一层钙质胶结的角砾岩，角砾成分均为铁岭组灰岩，此即为下马岭组最底部的沉积岩层。其上为一层含大量燧石球体、透镜体的粘土质岩石，再上为巨厚至厚层的墨绿色含铁绿泥石粗砂岩，薄至中层灰褐色夹粉砂岩和砾岩薄层的粗砂岩，然后才出现典型的下马岭组透镜状、镜层状细砂岩、粉砂岩和粉砂质页岩的互层。铁岭组顶面高低不平，引起上覆的下马岭组角砾岩、粘土质岩石和粗砂岩厚薄不均。

铁岭组同位素年龄均由 K-Ar 法测定，测试对象为一段的海绿石页岩和二段组成叠层石侧壁的海绿石。前者，贵阳地化所测得 5 个数据，平均值为 1197±18.2 Ma；天津地矿所测出的年龄为 1161 Ma。后者在 60 年代曾得到 1006 Ma 的 K-Ar 法记录，70 年代，贵阳地化所采样取得了 1128、1146 Ma 的结果；1979 年，天津地矿所于荣炳等采样所得数据为 1046 Ma。本组年龄依上述资料推定为 1050 Ma。

铁岭组一段不溶残余矿物成分特征为玫瑰红色锆石-暗黄色电气石组合。二段只有锆石。

铁岭组地球化学特征为：富集元素有 B、Co、Ca、Mg。稳定元素有 Ca、Co、B、Mg。Ca 的浓集克拉克值为 4.7。本组上部 Ca/Mg 高达 19.39，Fe/Mn 为 23.36，比洪水庄组低，表明此时海水有加深趋势。本组取样（白云质灰岩）稀土元素配分特征为：$\Sigma LREE=55.58\times 10^{-6}$，$\Sigma HREE=7.33\times 10^{-6}$，$\Sigma REE=62.91\times 10^{-6}$，$\Sigma LREE/\Sigma HREE=7.58$，$La/Yb=13.30$，$\delta Eu=0.595$，$Eu/Sm=0.185$。

铁岭组在本区北部燕辽分区分布于蓟县骆驼岭、铁岭、老虎顶一带，地质特征无明显变化。在南部华北平原分区沧县隆起和黄骅坳陷构造部位缺失本组沉积。

【其它】　铁岭组赋存水泥灰岩，工业矿床主要集中在二段，矿体受层位控制。

下马岭组　Qn*x*　（12-0010）

【创名及原始定义】　下马岭组原称“下马岭层”，是叶良辅等（1920）在北京西山创立的地层名称。地点在北京市门头沟区雁翅镇下马岭。原始定义：本层整叠于硅质灰岩之上，下半部为黑色碳质页岩与板岩，其上半部为黑色粗粒砂岩。风化面呈黄色。下马岭层整合于寒武系最下部红色页岩之下，其厚度约 700 m 到 450 m。

【沿革】　1934 年高振西等将此名应用于蓟县地区，其范畴与叶氏一致。1959 年第一次全国地层会议之后改称下马岭组。但叶良辅和高振西等所称下马岭页岩上部的砂岩归属却屡经变动，《中国的前寒武系》（1962）、华北地质科学研究所（现天津地矿所）和河北区测大队（1964）、河北张家口综合地质大队（1964）、河北区测大队（1966）等均将砂岩部分并入景儿峪组。陈晋镳（1980）则将该砂岩置于景儿峪组长龙山亚组的下部。《华北地区区域地层表·河北省、天津市分册》（1979）、《河北省北京市天津市区域地质志》（1989）、天津市地调所（1990）、《天津市区域地质志》（1992）等单位和文献把砂岩部分划归长龙山组的一段。本次地层清理称其为龙山组一段。

【现在定义】　指由灰色、灰绿色、灰黑色页岩和粉砂岩组成的一套岩石地层。底部见有赤（褐）铁矿扁豆体，铁质粉砂岩及底砾岩，中部夹有饼状泥灰岩，上部为黑色硅质页岩。与下伏铁岭组白云岩及上覆龙山组石英砂岩均为平行不整合接触。

【层型】　正层型剖面在北京市门头沟区青白口村西沟。本市次层型剖面位于蓟县骆驼岭至老鸹顶（117°25′55″，40°04′40″）（1963 年由陈晋镳、潘河生、李之鑫等测制）。

上覆地层：**龙山组** 灰、灰绿色长石砂岩

——————— 平行不整合 ———————

下马岭组　　总厚度 168 m

4. 顶部为绿色伊利石页岩；上部为绿、翠绿色页岩夹薄层铁质粉砂岩，页岩中见黄铁矿晶体、褐铁矿结核和泥灰岩透镜体；下部为灰黑色页岩、粉砂岩和薄层泥灰岩　61 m
3. 灰黑色（风化面黄绿色）细砂岩、粉砂岩、粉砂质页岩互层。砂岩呈透镜状，一般长宽比为 1∶3～1∶5，少数 1∶10～1∶20，偶有分叉现象　60 m
2. 灰黑色粉砂质伊利石页岩和灰白色砂岩互层，夹少量透镜状砂岩　27 m
1. 上部为灰黑色（风化面灰绿色）透镜状细砂岩、粉砂岩和页岩互层；下部为灰褐色厚、中厚层粗砂岩，呈透镜状，常夹粉砂岩和薄层砾岩，波痕和斜层理发育；底部为厚约 0.3 m 的不稳定砾岩，砾岩之上常见分布广泛的透镜状铁矿或含铁粗砂岩。与铁岭组接触处偶见 10～20 cm 厚的含燧石球体黄绿色透镜状粉砂质伊利石页岩 或 厚 20～30 cm 的黑色锰土　20 m

——————— 平行不整合 ———————

下伏地层：**铁岭组** 灰黑色泥、灰质白云岩

【地质特征及区域变化】 下马岭组在蓟县骆驼岭至老鸽顶剖面上厚 168 m，层序发育不完整，只相当于代表性地段河北省涿鹿、怀来一带的下部层位。主要是黄绿色和灰色粉砂质页岩夹透镜状细砂岩和粉砂岩，底部为含铁绿泥石粗砂岩，顶部为绿色伊利石页岩。下马岭组页岩是中—晚元古代地层页岩类中含粘土矿物最低的。下部波状层理发育，见有波痕、斜层理和干裂。中部透镜状层理发育，砂岩底面常见冲刷沟，冲刷纹的印模。

下马岭组微古植物特征是第一次大量出现线形管状藻体，出现大量多细胞集合体，出现大量繁殖于寒武系和元古宇顶部的微古植物先驱分子。较具特征的分子有：*Microconcentrica* spp.，*Symplassosphaeridium* spp.，*Tasmanites ripheicus*，*Jixiania lineata*，*Gloeocapsomorpha* sp.，*Synsphaeridium* spp.，*Trachysphaeridium uspenskyi*，*Tr. vetterni*。

根据前述下马岭组的岩石特征、沉积构造反映了它们形成于能量频繁周期改变的潮汐环境，并短时暴露于水面之上，因此，本区的下马岭组为潮间带砂页岩相。

下马岭组与下伏铁岭组，二者以明显的沉积间断面为界，地壳运动称为“蔚县上升”。这个构造运动面，在区域上表现为很大的超覆。二者关系在骆驼岭及夏庄子一带出露良好，龙山组底部的含砾砂岩覆盖在下马岭组顶部的页岩之上，上、下界线清楚，岩性突变，但没有留下任何剥蚀期间的古土壤或其它类型堆积的痕迹。龙山组和下马岭组的接触面平直，也没有明显的起伏。

下马岭组同位素年龄数据据 1978 年天津地矿所龙天才在其下部采集的细粉砂岩样品，以其中白云母为测试对象，取得 K-Ar 法年龄为 1 441、1 465 Ma。又据天津地矿所对怀来的下马岭组页岩提纯粘土矿物（1M 伊利石），以 K-Ar 法测定的年龄为 956 Ma。根据后者的数据判定下马岭组的年代下限也即青白口系的下限为 950 Ma 左右。

下马岭组的地球化学特征表现为元素组合复杂，富集元素为 B、Co、Cu，稳定元素有 Be、B、K、Ti、Mn、Fe、Co、Cu、Zr。其中有一部分为粘土吸附元素，如 Be、B、K、Cu，另一部分以碎屑矿物形式出现，如 Ti、Zr。Fe 在本组已富集成矿。Na/K 为 0.09，比铁岭组低，

表明此时海水相对变浅，盐度增大。本组取样（含砂页岩）稀土元素配分特征为：ΣLREE=145.62×10^{-6}，ΣHREE=38.50×10^{-6}，ΣREE=184.12×10^{-6}，ΣLREE/ΣHREE=3.78，La/Yb=6.8，δEu=0.648，Eu/Sm=0.240。

天津市下马岭组露头区仅限于府君山向斜的两翼，如骆驼岭、夏庄子一带。该组在区域上从岩性、厚度均有变化，在燕山西段涿鹿、怀来等地上部尚夹叠层石，以怀来赵家山下马岭组出露最全，厚度最大，厚530 m。向东，下马岭组顶部层位逐渐缺失，北京西山保留了中、下部层位，至本区蓟县下马岭组只有下部层位，厚度减为168 m，更向东，开平、滦县、迁安、昌黎、秦皇岛以北全部缺失。本区南部沧县隆起和黄骅坳陷构造部位同唐山地区，缺失本组沉积。

龙山组　Qn*l*　（12-0011）

【创名及原始定义】　名称源自郝诒纯（1954）的"龙山砂岩"，是介秀夫1956年介绍,创名地点位于北京市昌平县龙山。原始定义：龙山亚组为页岩和厚层石英砂岩的互层，或者以厚层石英砂岩为主间有页岩夹层，但在燕山边缘完全相变为石英砂岩。

【沿革】　龙山组的范畴包括叶良辅等（1920）、高振西（1934）所称下马岭页岩上部的砂岩或石英岩及景儿峪灰岩下部的杂色页岩部分。1954年郝诒纯分别称此两部分为"龙山砂岩"及"前坡页岩"。地质科学院地质研究所（1962）将其归入景儿峪组的下部。1964年，陈晋镳、李裕民等和河北省区测大队等单位称之为景儿峪组一段。1975年，华北区前寒武纪地层专题会议决定，依郝诒纯意见，将该砂岩及页岩部分单独建龙山组。但因龙山组一名与南方龙山系混淆，遂由北京市地质局编地层表小组改为长龙山组。1980年，陈晋镳、张惠民等将其置于景儿峪组的下部，称之为长龙山亚组。1989年邢裕盛的等认为："长龙山"一名又无此实际地方，而且昌平一带之前寒武纪地层研究较差，缺乏同位素年龄及古生物资料，作为标准剖面尚嫌不足；而在蓟县地区，已对此段地层的上界进行了多次同位素年代测定，获得了一批数据，并已系统进行过古生物研究便于大区对比，因此建议在蓟县地区选择该组的命名剖面和标准剖面。考虑到蓟县城北一带此段地层出露较好，一些同位素年龄资料和古生物资料也多系在附近采样测试，建议将该段地层称"骆驼岭组"。1986—1990年，天津市地调所在蓟县地区开展1∶5万区调填图时，考虑到骆驼岭村位于铁岭组分布区，而且《河北省北京市天津市区域地质志》(1989)、《北京市区域地质志》(1991)、《天津市区域地质志》(1992)等文献均称该段地层为长龙山组，因此，天津市地调所未采用邢裕盛的意见，仍称其为长龙山组。本次对比研究，北京市研究组把长字去掉，恢复了龙山组的原名。

【现在定义】　为一套砂、砾岩和页岩组合。下部为砾岩、含砾含长石石英不等粒砂岩和粉砂岩，砂岩内普遍含海绿石；上部为紫红、黄绿色页岩夹薄层海绿石细砂岩。与下伏下马岭组页岩为平行不整合接触，与上覆景儿峪组杂色薄层含泥灰岩为整合接触。

【层型】　正层型剖面在北京市昌平县龙山。本区次层型剖面位于蓟县骆驼岭至老鸹顶（117°25′55″，40°04′40″）（1963年由陈晋镳、潘河生、陈广坤、李文国测定）。

上覆地层：**景儿峪组**　砖红色含白云质泥质灰岩

——————— 整　合 ———————

龙山组　　　　总厚度118 m

二段

4. 杂色页岩（绿红、黑灰、紫）和少量淡绿色页岩。底部夹含海绿石长石石英砂岩透镜体，透镜体厚2～3 cm，少数达10 cm，在砂岩附近的页岩中有海绿石，绿色页岩中含丰富的宏观及微观古植物化石 24 m

一段

3. 黄绿色页片状薄层含海绿石长石粉、细砂岩，厚层含海绿石长石砂岩。海绿石常集中于层面，形成宽1 mm左右的暗绿色条纹，砂岩分选差，由不同粒级、不同成分的砂构成楔形、板形交错层 36 m

2. 黄绿色页岩。矿物成分主要为伊利石，常夹白色粉砂岩和中粒砂岩透镜体 10 m

1. 灰、灰绿色长石砂岩。层理复杂，常呈波状，单层厚度以20～30 cm最常见，交错层和缟状层理发育，不同方向的波痕重叠，有海星状的干裂。最下部有厚2 m的棕、黄绿色含砾砂岩和砾岩，砾石主要为石英、石英岩、燧石和泥灰岩，砾径3 cm左右，最大为27 cm×12 cm×3.5 cm，多数磨圆度好，顺层排列，铁质、粘土质胶结 48 m

——————— 平行不整合 ———————

下伏地层：**下马岭组**　绿色伊利石页岩

【地质特征及区域变化】　本区龙山组完全可以和北京市昌平龙山组剖面对比，岩石组合可划分为上、下两个段，总厚度为118 m。一段为含砾砂岩和砾岩、长石石英砂岩和石英砂岩，厚94 m；二段为杂色页岩，颜色为绿、红、灰、紫红等，厚24 m。

龙山组黄绿色页岩中的微古植物化石较为丰富，特征是形态和大小各异的多细胞集合体与众多的单细胞球形个体混杂出现，并出现大型球形囊胞，出现进化程度较高的蓝藻分子。具特征的分子有：*Chuaria circularis*，*Symplassosphaeridium incrustatum*，*Synsphaeridium* spp.，*Eusphaeria* cf. *venusta*，*Eusphaeria* sp.，? *Eogomphosphaeria* sp.，*Stigonematopsis jingeryuensis*，*Arctacellularia ellipsoidea*，*Trematosphaeridium holtedahlii* 等。龙山组宏观藻类化石是由陆宗斌（1979）首次发现，其后段承华研究并报道有大量的 *Chuaria circularis* 产出。杜汝霖（1986）总结有 *Chuaria annularis*，*Shouhsienia shouhsienensis*，*Ovidiscina* sp.，*Tawuia* sp. 等。

龙山组一段底部的砾岩和含砾砂岩中砾石成分主要是石英、石英岩和燧石。下部的灰绿色长石砂岩和黄色含长石砂岩普遍含岩屑，分选较差，磨圆也差，多为棱角状，显示出岩石的成分成熟度和结构成熟度都较低。岩石中帚状交错层理发育，交错层大多向相同方向收敛，具定向水流的特点。在韵律层的顶面可见冲刷构造、波痕和干裂。这些特征表明龙山组一段下部为河流相的沉积。天津市地调所（1990）对龙山组下部砂岩的斜层理进行统计，结果说明该砂岩具低弯度河流相特征，古水流为单向水流，总的流向为东南。

龙山组一段的中、上部主要为黄绿色板层至厚层状的含海绿石石英砂岩，含长石和页岩的岩屑，岩石的成熟度较低，水平纹层，交错层、波痕发育。岩石的结构特征为：平均粒径φ值的变幅为2.17～2.52，属细砂粒级；分选差；$\delta_1=0.99\sim1.19$；偏度既显正偏态（$SK_1=0.11$）也显负偏态（$SK_1=-0.26$）；峰态以平坦者居多，$KG=0.69\sim0.76$。这些特征表明龙山组一段中、上部属滨海水下砂席相。

龙山组二段为绿、红、黑灰、紫红、淡绿等杂色，水平层理发育，是一种低能、静水的环境。因此，应为滨海泻湖相的特征。

下马岭组顶部的灰绿色伊利石页岩与龙山组底部的砾岩、含砾长石砂岩直接接触，从区域对比资料可知，本区缺失下马岭组的中、上部层位。与上覆景儿峪组的接触关系在蓟县老鸹顶东侧出露最佳。当前景儿峪组与龙山组的界线就划在杂色页岩之上，海绿石砂岩的底面。

据天津地矿所对河北凌源龙山组绿色页岩中小于0.4 mm的1Md型水云母做K-Ar法测定，结果为855 Ma。

龙山组的地球化学特征，富集元素为B、Ba、Ca，稳定元素有Be、B、K、Cr、Fe、Co、Cu、Zr、Ba，高含量元素有V、K、Na、B、Co，Na/K为0.18，Fe/Mn为326.7，Ca/Mg为1.16，表明龙山组沉积时地壳上升，海水退却，盐度增高。采集本组海绿石砂岩样品分析，稀土元素参数为：$\Sigma LREE=26.77\times10^{-6}$，$\Sigma HREE=4.92\times10^{-6}$，$\Sigma REE=31.69\times10^{-6}$，$\Sigma LREE/\Sigma HREE=5.44$，$La/Yb=7.40$，$\delta Eu=0.606$，$Eu/Sm=0.190$。

本区的龙山组露头分布局限，仅在蓟县城北骆驼岭至老鸹顶，夏庄子一带出露，山前倾斜平原第四系之下以及市区也曾钻遇，在沧县隆起和黄骅坳陷构造部位其直接覆盖在雾迷山组之上。岩性、岩相在本区稳定，无大变化。

【其它】 长龙山组、骆驼岭组均属同物异名，经本次地层清理，属不采用的地层单位。

景儿峪组　Qn*j*　(12-0012)

【创名及原始定义】 1934年高振西、熊永先、高平创名，原称景儿峪灰岩，创名地点位于蓟县城北的东井峪和西井峪。原始定义：此为震旦系最上部单元。在底部见灰、绿、红色有时带粉红色页岩，看来与下马岭页岩为连续沉积。中部为薄层板状硅质灰岩，灰、绿色，也有带粉红的颜色。上部被侵蚀。在山上及山坡有一石灰角砾岩，可能是构造成因。但上部地层可见于兴隆县北剖面，为块状灰岩，暗灰色，其上被含三叶虫的早寒武纪馒头页岩平行不整合覆盖。

【沿革】 1959年第一次全国地层会议之后改称景儿峪组。从原始定义可以看出，高振西等的“景儿峪灰岩”包括三个部分：下部的杂色页岩，中部的薄层板状灰岩和上部的豹皮状或砾状灰岩。由此产生对景儿峪组的范围和上、下界限的划分诸多的不同意见。由于“景儿峪灰岩”上部的豹皮状或砾状灰岩，与中部的薄层板状灰岩之间存在着明显的沉积间断，对造成此间断的地壳运动孙云铸（1957）称之为“蓟县运动”，并将豹皮状或砾状灰岩划归下寒武统。自此，景儿峪组的上界被确定下来，并被地质界普遍采用。下界的划分要复杂的多，郝诒纯（1954）将：“景儿峪灰岩”下部的杂色页岩称作“前坡页岩”，置于“下马岭页岩”的上部，申庆荣（1958）、地质科学院地质研究所（1962）则将叶良辅等（1920）、高振西等（1934）所称的“下马岭页岩”上部的砂岩亦并入景儿峪组，使景儿峪组的下界下移。华北地区区域地层表编写组（1979）将“景儿峪灰岩”下部的杂色页岩划为长龙山组的上部。陈晋镳、张惠民等（1980）将“景儿峪灰岩”下的杂色页岩和“下马岭页岩”上部的砂岩合称长龙山亚组，置于景儿峪组的下部，将景儿峪改为井儿峪组。1986—1990年天津市地调所在蓟县地区开展1∶5万区调填图时，景儿峪组的上界为府君山组与景儿峪组之间的不整合面，下界即长龙山组之顶面。《河北省北京市天津市区域地质志》（1989）、《天津市区域地质志》（1992）等文献也采用了狭义的景儿峪组定义，不包括原“景儿峪灰岩”下部的杂色页岩以及上部的豹皮状或砾状灰岩。

【现在定义】 景儿峪组为青白口系上部地层，现指高振西等（1934）所建“景儿峪灰岩”的中部层位。为一套紫红、紫灰、灰绿和蛋青色薄—中厚层含泥白云质灰岩，最底部常有一层含海绿石粗粒长石砂岩或细砾岩。与下伏龙山组整合接触，顶部以白云质角砾岩始现与上覆昌平组分界，为平行不整合或微角度不整合接触。

【层型】 正层型剖面位于天津市蓟县骆驼岭至老鸹顶（117°25′55″，40°04′40″）（1963年由陈晋镳、潘河生、李之鑫、陈广坤、李文国重测）。

上覆地层：**昌平组**　底砾岩和灰紫色古风化壳

〜〜〜〜〜〜〜不整合〜〜〜〜〜〜〜

景儿峪组　　　　　　　　　　　　　　　　　　　　　　　　　　　　　　　　　　总厚度 112 m

5. 灰绿色薄层板状含泥灰岩，具缟状纹层构造，因受寒武纪前风化作用影响有时带有不均匀的紫红色污染　13 m
4. 灰绿色薄层含白云质泥质灰岩，夹少量厚层含白云质泥质灰岩，风化后呈土黄色，上部有一薄层灰、黄色相间的中厚层宽条带状含白云质泥质灰岩，有时有黄铁矿结核，具海底冲刷构造　26 m
3. 灰绿色薄层夹少量厚层含白云质泥质灰岩，缟状纹层构造发育，偶夹紫色薄层灰岩　21 m
2. 上部为绿灰或蛋青色薄、厚互层和中厚层微晶白云质泥质灰岩，海底冲刷构造发育；中部为蛋青色巨厚层微晶含白云质泥质灰岩，层面波状弯曲，并夹紫色薄层灰岩；下部为灰绿色及灰紫色厚至中厚层微晶含白云质泥质灰岩，缟状纹层，缝合线构造发育，层理平整规则，偶见铜矿化　32 m
1. 上部为紫红色薄层灰岩夹数层灰、黄灰、蛋青色厚层含白云质泥质灰岩；下部为砖红色板层、厚层含白云质泥质灰岩夹白色含白云质泥质灰岩薄层，形成红、白相间的带状，贝壳状断口，层面平直，底部有一层海绿石砂岩，海绿石 K-Ar 法同位素年龄值为 8.70、8.90、7.37 Ma　20 m

————————整　合————————

下伏地层：**龙山组**　杂色页岩（绿、红、黑灰、紫）和少量淡绿色页岩

【地质特征及区域变化】　景儿峪组岩性较为单一，岩石组合主要是一套红色、灰绿色、蛋青色、灰褐色薄层含泥质的白云质灰岩。单层以薄层、板层状为主，夹有中厚层，层理水平，单层内水平纹层发育，小型砂质纹层也能见到，无硅质条带，无叠层石，微古植物化石也少见，这些特征显示了景儿峪组为潮下低能带泥灰岩相沉积。

景儿峪组与下伏龙山组在蓟县为微角度不整合接触，景儿峪组的顶部，由于受中早寒武世前沉积间断影响，薄层灰岩变为紫红色，其上产生了古土壤或古风化壳，风化壳的厚度受景儿峪组顶面高低起伏影响，各处不等，最厚可达 7 m。向上普遍发育一层黄灰或土黄色的白云质角砾岩，可视为昌平组的底砾岩。古风化壳的风化残积带性质已属昌平组，因此当前景儿峪组与昌平组的界线划在古风化壳风化残积带的底面。

70 年代贵阳地化所测得蓟县景儿峪组顶部泥质灰岩中海绿石 K-Ar 法年龄 849、859 Ma。1981 年张学祺等采集蓟县东井峪村景儿峪组海绿石砂岩样品，以海绿石为测定对象，取得 K-Ar 法年龄 908 和 761 Ma。

景儿峪组的不溶残余矿物非常简单，只有无色透明的锆石。

景儿峪组地球化学特征为：富集元素有 B、Ba、Ca，稳定元素有 Be、B、K、Fe、Co、Cu、Zr、Ba，高含量元素有 Mn、Ba、Ca，Na/K 为 0.51，Fe/Mn 为 44.90，Ca/Mg 为 26.74。表明景儿峪期海侵扩大，盐度降低。

景儿峪组在本区出露范围十分局限，只见于蓟县城北府君山东井峪和西井峪一带，在蓟县山前倾斜平原以及广大平原地区第四系之下也有分布。岩性特征没有明显的变化。

第二节　生物地层

本区蓟县中—晚元古代地层的生物地层研究，始于本世纪 30 年代，1934 年高振西等在研

究蓟县剖面时，确定了与北京南口地区相同的 *Collenia cylindrica* 等叠层石类型，并发现了 *Collenia chihsienensis* 为代表的新类型。50 年代末，王曰伦等采集了微古植物样品，部分样品的分析结果反映在 Б. В. Тимофеев（1966）的论著中，同时梁玉左等开始了蓟县叠层石的研究。60 年代以来的研究成果分别反映在 1965 年蓟县震旦系现场学术讨论会会议资料汇编和邢裕盛、曹瑞骥等人的论文中。1975 年后，开展了更系统的生物地层工作，除对叠层石和微古植物继续加深研究外，还开展了燧石层中的微体古藻类和宏观藻类化石的研究，出版了《蓟县震旦亚界叠层石的研究》。80 年代以来在叠层石方面不但对假裸枝叠层石为代表的微小型叠层石进行了专题研究，出版了《晚前寒武纪假裸枝叠层石》，而且开始了有关叠层石形态成因和造叠层石微古植物学研究。在微古植物和微体藻化石研究方面也都取得了新的成果。蓟县中—晚元古代生物地层工作积累了丰富的资料，在解决地层划分和对比问题起到了一定的作用。它们的类型可划分为叠层石、微古植物、藻化石和宏观藻类化石。

叠层石

本区叠层石发育在下起团山子组，上至铁岭组的碳酸盐岩层位中。根据叠层石“群”中不同“形”的区别和组合特征，将叠层石划分为 4 个组合：

组合Ⅰ：以团山子组和大红峪组下部的叠层石为代表，以层柱状叠层石大量发育和未见锥状叠层石为特征。代表分子有：*Xiayingella primigenia*，*X. xiayingensis*，*Gruneria* cf. *biwabikia*，*G. sinensis*，*Yanshania simplex*，*Cryptozoon haplum*，C. f.，*Kussiella tuanshanziensis*，*Stratifera* f. 等。其中最具代表性的分子有：*Gruneria sinensis*，*Kussiella tuanshanziensis*，*Xiayingella primigenia*，和 *X. xiayingensis*。

组合Ⅱ：以大红峪组二段至高于庄组的叠层石为代表，总体特征是大、中型的柱状和锥状叠层石大量发育，微构造以线状类型为主，并兼有带状和凝块状类型。主要分子有：*Conophyton garganicum*，*C. cylindricum*，*Tabuloconigera paraepiphyta* 和 *Gaoyuzhuangia* 群的若干分子。此外，尚有 *Conophyton dahongyuensis*，*Jacutophyton* f.，*Confusoconophyton multiangulum*，*Stratifera biformis*，? *Svetliella polyclada*。

组合Ⅲ：以高于庄组顶部、杨庄组和雾迷山组的叠层石为代表，以微小型层柱状，柱状叠层石和不同大小的锥叠层石的大量发育为特征。代表分子有：*Scyphus parvus*，*Yangzhuangia columnaris*，*Microstylus zhaizhuangensis*，*Pseudogymnosolen mopanyuensis*，*P. epiphytum*，*Conophyton concellosum*，*C. lituum*，*C. shanpolingensis*。此外，尚有 *Paraconophyton inconspicum*，*Wumishanella chuanzilingensis*，*Pseudochihsienella inconspicua*，*Colonnella* cf. *discreta*，*Osagia* f.，*Pseudoosagia curcumala*，*Petaliforma epicharis*，*Jacutophyton furcatum* 和 *Conophyton conicoforme*。微小型的叠层石分子在本组合的下部发育，微构造以线状类型为主，而锥状叠层石则在本组合的上部发育，微构造以凝块状类型为主 。

组合Ⅳ：以铁岭组的叠层石为代表，以中、大型的具各种分叉的柱叠层石大量发育为特征，柱体一般无壁，但经常具鞘。代表分子有：*Chihsienella chihsienensis*，*Tielingella tielingensis*，*Anabaria chihsienensis*，*Baicalia* cf. *baicalica*。此外尚有：*Conicodomenia longotenuia*，*Conophyton luotuolingensis*，*Baicalia*，f.，*Chihsienella palama*，*Ch. crispata*，*Ch. nodosaria*，*Scopulimorpha regularis*，*S. irregularis*，*Pseudotielingella chihsienensis*。

按照上述的叠层石组合，本区的中—晚元古代地层可以 5 分，青白口纪地层不含叠层石，蓟县纪和长城纪地层进一步两分，各包含两个叠层石组合，根据叠层石组合Ⅰ和组合Ⅱ的特征，大红峪组与高于庄组的界线位于大红峪组二段的底部。另外，蓟县纪地层下部叠层石组合，也即叠层石组合Ⅲ，包括了高于庄组顶部的100余米厚的富含硅镁质结核和内碎屑的厚层泥晶白云岩，其中富含微小型叠层石，其总体面貌和上覆杨庄组一段的燧石条带白云岩中的叠层石基本一致，从岩性也与高于庄组的沥青质白云岩、白云质灰岩相区别。因此，从叠层石组合反映的蓟县系下界要比岩石地层单位蓟县纪杨庄组低100余米。

微古植物化石

微古植物化石主要赋存在串岭沟组、洪水庄组和下马岭组三个层位中，它们的组合特征各具特色，差异显著，构成本区中—晚元古代三个性质不同的微古植物组合。

串岭沟组微古植物组合：串岭沟组中的微古植物是中—晚元古代微古植物最丰富的层位，目前已知38属，111种。这个组合的下部以球形个体为主，少数是船形和异形，上部以丝状藻体为主，间夹少量球形个体。较具特征的分子见第一节串岭沟组地质特征部分。

洪水庄组微古植物组合：目前已知14属，36种。微古植物化石以球形类为主，船形类较少，在靠近顶部的层位大型球形类所占比例增大，在大型类中*Chuaria*普遍可见，它是广泛产出于晚前寒武纪的大型疑源类化石，洪水庄组顶部是该化石目前已知的最低大量产出层位。邢裕盛等在本组合中发现有方形、三角形、舌形等形状奇特、结构复杂的分子。其中具特征的分子见第一节洪水庄组地质特征部分。

下马岭组微古植物组合：本组合目前已知微古植物共计19属37种。其中见有大量的线形管状藻体，可能是褐藻中较原始的种属，还出现大量的多细胞集合体及少量的*Tasmanites ripheicus*的个体，后者标志着大量出现于寒武系和元古宇顶部的*Tasmanites*从下马岭组已开始出现先驱分子。其中较具特征性的分子见第一节下马岭组地质特征部分。

从上述微古植物化石组合来看，可把本区中—上元古界划分为三个地层单元，分别和长城系、蓟县系和青白口系相对应。

藻化石

藻化石赋存在碳酸盐岩地层中的条带状、团块状燧石之中，根据所发现的藻化石，本区中—晚元古代有两个组合，相当于大红峪组一段—高于庄组和雾迷山组。前者据朱士兴、(Awramik (1983) 和朱浩然 (1980) 的研究，为低等的球状和丝状蓝藻化石。后一组合据张鹏远 (1982、1983) 研究，共有16属28种，分别属于蓝藻和绿藻两门。另据刘志礼 (1982) 的研究，雾迷山组藻类化石共有42属55种，分属蓝、绿、褐或红藻各门。其中有大量的球形个体和少量的多细胞丝状体。总的来看，后一组合以各种原核的蓝藻化石为主，但也产出一些真核藻类，其中绿藻门的分子较为常见，更高级的一些褐藻或红藻化石的存在也是可能的。

藻化石第一个组合的生物地层界线划在大红峪组二段的底部，这与叠层石确定的生物地层界线是一致的。

宏观藻类化石

本区中—晚元古代地层下自串岭沟组，上至龙山组的许多层位中都已发现有宏观藻类的产出，根据现有资料，可划分为4个化石组合，分别相当于串岭沟组—团山子组、高于庄组、洪水庄组-铁岭组和龙山组。

串岭沟组-团山子组：Hofmann、陈晋镳 (1978)、杜汝霖先后有所发现，化石保存差，目前尚有不同的意见，以？*Tyrasotaenia*和？*Chuaria*为代表。

高于庄组：化石是由杜汝霖等 (1984) 首先发现，产于高于庄组三段下部泥质碳酸盐岩薄层中，为棕褐色带状有机质薄膜，不分叉、常旋曲或呈蛇曲状，以*Sangshuania*为代表。

洪水庄组-铁岭组：产在洪水庄组和铁岭组下部，由牛绍武发现，以 *Chuaria* 为特征。

龙山组：化石首先由陆宗斌（1979）发现，其后段承华进行了研究并作了报道，杜汝霖总结了蓟县龙山组宏观藻类化石，本组合除有大量的 *Chuaria* 等外，还有特征性的 *Longfengshania*。

本区中—晚元古代生物地层划分见表 2-4。

第三节　年代地层

前寒武系的年代地层划分，诸多的学者主张以同位素测年基础上的地质特征和地质事件作为划分依据。尤其是对中—晚元古代过去被认为是哑地层的地质研究中，同位素地质学必然成为不可缺少的重要手段。以蓟县剖面为基础，为建立我国燕山地区晚前寒武纪同位素年表，前人做了大量的工作，各家的划分意见见表 2-5。

本区蓟县及其邻区中—晚元古代地层测年工作始于 50 年代后期，前苏联的实验室曾对景儿峪组海绿石作过测年工作。

1959 年，第一次全国地层会议对蓟县的地层年龄提出“上部时代界限，可以大致为 500 Ma 多年，长城统至少超过 1 000 Ma”的意见。

1962 年后，天津地矿所采集了景儿峪和铁岭两个组的海绿石，大红峪和串岭沟组的火山岩样品，以 K-Ar 法取得了一批成果。根据这些数据得出的结论是：“景儿峪组的年龄在 800 Ma 左右，铁岭组的年龄为 1 040 Ma，串岭沟组的年龄为 1 800 Ma 是比较合适的。”

1973 年出版的《中华人民共和国地质图说明书（1∶400 万）》中，指出我国北方型震旦系下统长城群的时限界于 1 700～1 400 Ma，中统蓟县群界于 1 400～1 000 Ma，上统青白口群界于 1 000～850 Ma。

1977 年，中国地质科学院亚洲地质编图组将青白口系顶界置于 800 Ma，蓟县系和青白口系的分界置于 1 000 Ma，长城系的底界置于 1 800 Ma。同年，贵阳地化所提出一份比较完整的地质年表，长城系的底界置于 1 950±50 Ma。1980 年又将长城系底界改为 2 000±100 Ma。

1982 年，全国地层委员会在北京召开关于“晚前寒武纪地层分类命名会议”，提出参考年龄值，青白口系上界为 800 Ma，青白口系和蓟县系分界为 1 000 Ma，长城系与蓟县系分界为 1 400 Ma，长城系底界为 1 900 Ma。

1979—1984 年，天津地矿所在较系统地研究了各组年龄样品和已有的年龄数据，又系统地采集了各组的样品，采用各种方法进行年龄测定的基础上，提出了新的燕山地区中—晚元古代年表，并对年表中各组的界线作了说明。青白口系的上界小于或等于 800 Ma，青白口系和蓟县系分界为 1 000 Ma，蓟县系与南口系分界为 1 500 Ma，长城系的底界为 1 850±40 Ma。

1990 年，陆松年等根据新获得的长城系同位素地质年龄数据，对长城系地质年代格架提出了新的划分方案。高于庄组与大红峪组分界大于 1 450 Ma，大红峪组与团山子组分界为 1 600 Ma，团山子组与串岭沟组分界为 1 700 Ma，串岭沟组与常州沟组分界 1 750 Ma，长城系底界小于或等于 1 800 Ma。

1992 年，天津地矿所对蓟县中—晚元古代地层测年工作作了系统的总结，提出长城纪为 1 800～1 400 Ma，蓟县纪为 1 400～950 Ma，青白口纪为 950～850 Ma。蓟县剖面各组的年龄推定意见是：常州沟组，其底界最大年龄不超过 1 900 Ma，目前以 1 800～1850 Ma 作为最大推定值较妥。串岭沟组，因其受到至少为 1 520～1 646 Ma 的脉岩穿插，故推定串岭沟组年龄

表 2-4　天津市中—晚元古代生物地层划分表

<table>
<tr><th rowspan="2" colspan="2">年代地层</th><th rowspan="2">岩石地层</th><th colspan="4">生　物　地　层</th></tr>
<tr><th>叠　层　石</th><th>页岩相微古植物</th><th>燧石相藻化石</th><th>宏观藻类化石</th></tr>
<tr><td rowspan="12">中
—
上
元
古
界</td><td rowspan="3">青白口系</td><td>景儿峪组</td><td rowspan="3"></td><td rowspan="3">以下马岭组为代表
1. 多细胞集合体大量出现
2. 管状藻体(褐藻)和高级藻类
3. 表面具网孔,纹饰</td><td rowspan="5"></td><td></td></tr>
<tr><td>龙山组</td><td>Chuaria
Longfengshania</td></tr>
<tr><td>下马岭组</td><td></td></tr>
<tr><td rowspan="5">蓟县系</td><td>铁岭组</td><td rowspan="2">组合Ⅳ,代表分子:
Chihsienella chihsienensis
Tielingella tielingensis
Anabaria chihsienensis
Baicalia cf. baicalica</td><td rowspan="4">以洪水庄组为代表
1. 大型球形类成群出现
2. 四方形、三角形藻体
3. 壳面粗糙其孔穴</td><td rowspan="2">以 Chuaria 为代表</td></tr>
<tr><td>洪水庄组</td></tr>
<tr><td>雾迷山组</td><td rowspan="3">组合Ⅲ,代表分子:
Conophyton lituum
C. shanpolingensis
Jacutophyton
Scyphus parvus
Pseudogymnosolen mopanyuensis
Conophyton concelosum
Yangzhuangia columnaris</td><td>多细胞群体的丝状蓝藻及绿藻,可能有褐藻或红藻</td><td rowspan="2"></td></tr>
<tr><td>杨庄组</td><td></td></tr>
<tr><td>高于庄组</td><td rowspan="5">以串岭沟组为代表
1. 分散的单细胞浮游藻类,以梭形个体较特征
2. 丝状体以低级蓝藻为主
3. 膜壳表面光滑或粗糙</td><td>球状群体蓝藻和宽度增大的丝状蓝藻为主</td><td>Sangshuania 为代表</td></tr>
<tr><td rowspan="5">长城系</td><td>大红峪组</td><td rowspan="2">组合Ⅱ,代表分子:
Conophyton garganicum
C. cylindricum
Gaoyuzhuangia gaoyuzhuangensis
Tabuloconigera paraepiphyta</td><td rowspan="4"></td><td></td></tr>
<tr><td>团山子组</td><td rowspan="2">? Tyrasotaenia,
? Chuaria 为代表</td></tr>
<tr><td>串岭沟组</td><td rowspan="2">组合Ⅰ,代表分子
Gruneria cf. biwabikia
Kussiella tuanshanziensis
Xiayingella xiayingensis</td></tr>
<tr><td>常州沟组</td><td></td></tr>
</table>

表 2-5　天津市中—晚元古代地质年表划分意见对比表

地　层	中国地质科学院 1973	中国地质科学院 1977	中国科学院地化所 1977	中国科学院地化所 1981	晚前寒武纪地层分类命名会议 1982	于荣炳、张学祺 1984	中国远古时期地层分类命名会议 1989	陆松年等 1990	天津地矿所 1992
	700 Ma	800 Ma	850±20 Ma	850 Ma		≤800 Ma			850 Ma
景儿峪组									
龙山组									
						900 Ma			
下马岭组									
	1 000±50 Ma	1 000 Ma	1 100±50 Ma	1 100 Ma	1 000 Ma	1 000 Ma	1 000 Ma		950 Ma
铁岭组									
						1 180 Ma			
洪水庄组									
						1 220 Ma			
雾迷山组									
						1 400 Ma			
杨庄组									
	1 400±50 Ma		1 400±50 Ma	1 400 Ma	1 400 Ma	1 500 Ma		?	1 400 Ma
高于庄组									
						1 650 Ma		>1 450 Ma	
大红峪组									
			1 700±50 Ma	1 700 Ma		1 700 Ma		1 600 Ma	
团山子组									
						1 750 Ma		1 700 Ma	
串岭沟组									
						1 800 Ma		1 750 Ma	
常州沟组									
	1 700 Ma	1 700 Ma	1 950±50 Ma	2 000±100 Ma	1 900 Ma	1 850±40 Ma	1 800 Ma	≤1 800 Ma	1 800 Ma

在1 700 Ma 左右。团山子组暂推断为1 600～1 700 Ma。大红峪组的年龄暂推断为1 600 Ma。高于庄组，按方铅矿单阶段模式年龄推定为1 380 Ma左右，由高于庄组下部到洪水庄组底部总计为160 Ma。杨庄组和雾迷山组无实测的年龄数据，前人是参考上、下地层的年龄和厚度推算的。洪水庄组的年龄依于荣柄、张学祺的资料推定为1 220 Ma。铁岭组的年龄亦依上述资料推定为1 050 Ma。下马岭组的年龄按小于0.4 mm粒级1M伊利石K-Ar年龄推定为950 Ma左右。龙山组、景儿峪组的年龄推算为850 Ma。

元古宙的分期，在1989年第28届国际地质大会期间，通过了新的划分建议，元古宙(Proterozoic)划分为新元古代(Neoproterozoic)、中元古代(Mesoproterozoic)和古元古代(Palaeoproterozoic)。分别对应我国的晚、中、早元古代。新方案的内部界线为1 600 Ma和1 000 Ma，纪一级则根据地质历史时期划分为10个纪。"中国元古时期地层分类命名会议"(1989)决定，我国的中、晚元古代的界限年龄为1000 Ma，与国际划分一致。对中、早元古代的界限年龄有不同意见，从蓟县剖面重要的时间界面发生在常州沟组之前出发，这个界面的时限是1 800 Ma左右。纪一级的划分，按全国地层委员会(1982、1989)的决议，以蓟县剖面为代表的"中、晚元古代"分为青白口纪、蓟县纪和长城纪。本区中—晚元古代年代地层划分见表2-6。

表2-6　天津市中—晚元古代年代地层划分简表

<table>
<tr><th colspan="5">地质时代</th><th colspan="2">年代地层</th><th rowspan="2">岩石地层</th><th rowspan="2">界线年龄值</th></tr>
<tr><th colspan="2">国际地层委员会 1989</th><th colspan="3">中国地层委员会 1989</th><th>界</th><th>系</th></tr>
<tr><td rowspan="14">元古宙</td><td rowspan="4">新元古代</td><td rowspan="14">元古宙</td><td rowspan="4">晚元古代</td><td>震旦纪</td><td rowspan="4">上元古界</td><td>震旦系</td><td></td><td></td></tr>
<tr><td rowspan="3">青白口纪</td><td rowspan="3">青白口系</td><td>景儿峪组</td><td></td></tr>
<tr><td>龙山组</td><td></td></tr>
<tr><td>下马岭组</td><td>1 000 Ma</td></tr>
<tr><td rowspan="6">中元古代</td><td rowspan="9">中元古代</td><td rowspan="4">蓟县纪</td><td rowspan="9">中元古界</td><td rowspan="4">蓟县系</td><td>铁岭组</td><td></td></tr>
<tr><td>洪水庄组</td><td></td></tr>
<tr><td>雾迷山组</td><td></td></tr>
<tr><td>杨庄组</td><td>1 400 Ma</td></tr>
<tr><td rowspan="5">长城纪</td><td rowspan="5">长城系</td><td>高于庄组</td><td></td></tr>
<tr><td>大红峪组</td><td>1600 Ma</td></tr>
<tr><td rowspan="4">古元古代</td><td>团山子组</td><td></td></tr>
<tr><td>串岭沟组</td><td></td></tr>
<tr><td>常州沟组</td><td>1 800 Ma</td></tr>
<tr><td>早元古代</td><td></td><td>下元古界</td><td></td><td></td><td>2 500 Ma</td></tr>
</table>

第四节　化学地层

本区中—晚元古代地层化学地层学研究，与生物地层、同位素年代地层学一样，集中在对蓟县剖面的研究。1963—1964 年，天津地矿所（原华北地质科学研究所）和河北省区测大队以蓟县剖面中的常量元素、微量元素含量、分配、组合关系进行了系统取样、综合分析和解释。成果反映在《河北省蓟县震旦系剖面的岩石地层学研究（提纲）》（1965）一文中，在 1964 年召开的蓟县震旦系现场学术讨论会上进行了交流。其后陈晋镳（1980）、秦正永等（1984）对蓟县剖面进行了进一步的化学地层研究。尤其是 1986 年华北地质勘探公司 519 队和天津地矿所共同开展了蓟县剖面地球化学的系统取样和分析，取得了丰硕的成果，在上述岩石地层各组的论述中概略地反映了这一成果。

秦正永等根据氧化物（SiO_2、MgO、Al_2O_3、CaO、K_2O、Fe_2O_3、Na_2O、H_2O）含量，元素（Ti、V、Mn、Ni、Zr、Cr、Pb、Ba、Co、Ag、Be、Ca、Mg、Fe、B、Cu、K、Na）含量以及元素含量比值（Ca/Mg、K/Na）数据的有序量最优分割法进行系统计算，利用这一成果，划分蓟县中—晚元古代的化学地层层序。化学地层单位分为两级，高一级的称作化学阶段，每个化学阶段大致相当于系一级地层单位所跨越的时间。次一级的称为化学期，它大致相当于组一级的地层单元的时限。本区中—晚元古代化学地层划分见表 2-7。

表 2-7　天津市中—晚元古代化学地层划分表

年代地层		岩石地层	化学地层	
中—上元古界	青白口系	景儿峪组	青白口化学阶段	景儿峪期
		龙山组		龙山期
		下马岭组		下马岭期
	蓟县系	铁岭组	渔阳化学阶段	铁岭期
		洪水庄组		洪水庄期
		雾迷山组	蓟县化学阶段	雾迷山期
		杨庄组		杨庄期
	长城系	高于庄组	长城化学阶段	高于庄期
		大红峪组		大红峪期
		团山子组		团山子期
		串岭沟组		串岭沟期
		常州沟组		常州沟期

由上表看出，本区中—晚元古代按地球化学特征，分为 4 个化学阶段和 12 个化学期。化学阶段之间大都有化学间断出现，而化学间断往往与沉积间断或构造运动的时限相一致。渔阳化学阶段的确定主要是基于化学间断明显，其下界 1 200 Ma（洪水庄组与雾迷山组界面年龄）也是全球较大的构造界面。蓟县化学阶段与长城化学阶段之间本区没有间断，杨庄组与高于庄组为连续沉积，但在盆地边缘，二者地层间断明显，为划分蓟县、长城两个化学阶段提供了依据。

第五节　磁性地层

通过张文治、李普（1980），张惠民、张文治（1984）对蓟县剖面古地磁特征的研究，为该时期极性事件，古地磁迁移轨迹、古纬度变化以及为地层层序的建立和地层对比，提供了古地磁资料。

一、蓟县中—晚元古代的反极性事件

本区蓟县中—晚元古代出现一次极性倒转，自洪水庄组起到下马岭组最底部止，出现一个延续时间较长的磁极倒转时期，研究者称它为“铁岭反极性期”。

二、蓟县中—晚元古代视古地磁极迁移轨迹

极射投影图（图 2-5）表明，在常州沟组时期，古北极位置大致在现今的冰岛东北，西径 11°，北纬 68°一带。从串岭沟组时期起，磁极以向南为主的方向移动，至团山子组、大红峪组沉积时，磁极位置大致在阿拉伯半岛的阿曼东海面一带，然后折向西，经现今撒哈拉沙漠，转向西北，达到北美东海岸的纽芬兰以东。到铁岭组沉积时期，极点更向西北迁移到加拿大布西亚半岛附近。然后到景儿峪时期，终于阿拉斯加北部沿海附近，西经 146°，北纬 69°。

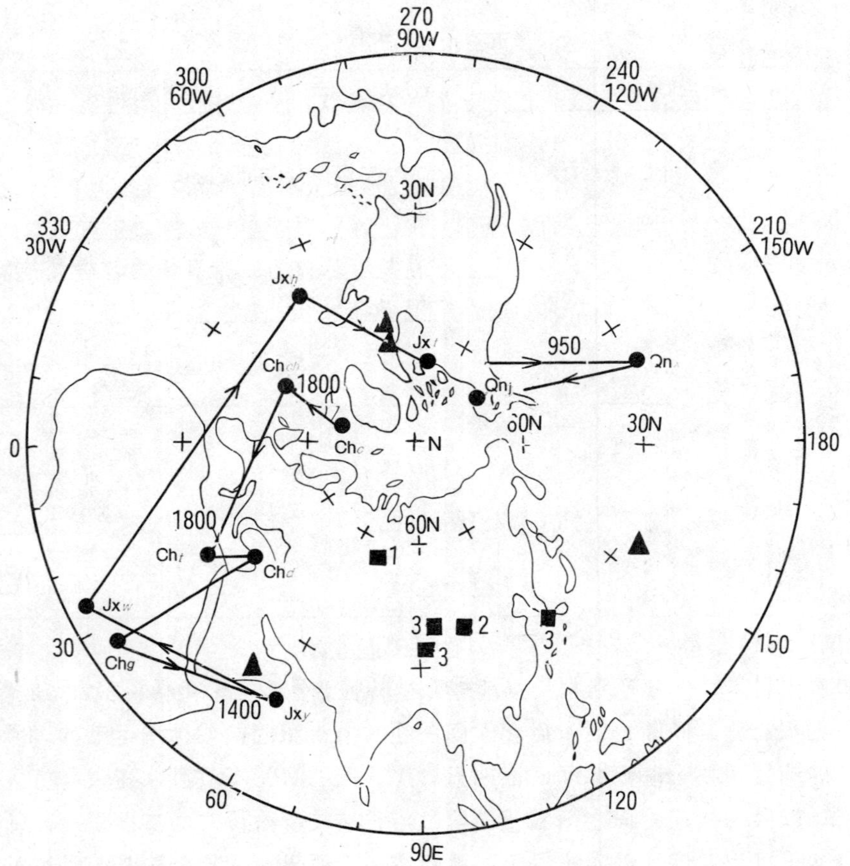

图 2-5　蓟县中—晚元古代视古地磁极迁移轨迹（极射投影）

（据张文治、李普，1980，地层单元代号及年龄数据略有修改）

●代表蓟县剖面；▲为燕山地区；■为南方震旦系（1. 罗圈组；2. 南沱组；3. 莲沱组）

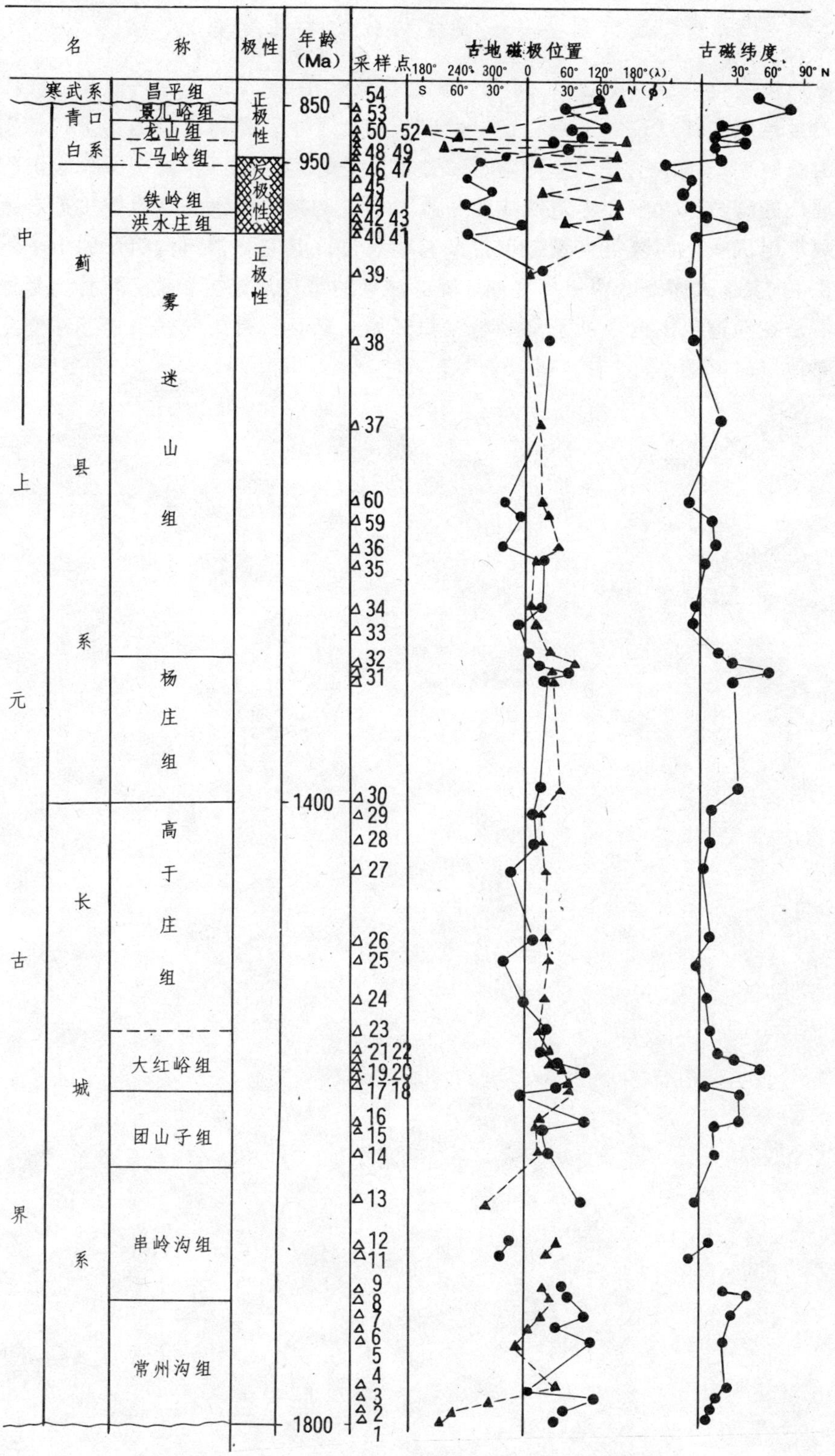

图 2-6 蓟县中—上元古界古磁纬度变化曲线图

(据张文治、李晋，1980，名称和年龄栏略加修改)

第 7 行的▲和●分别代表采样点平均古地磁极位置经度 λ，纬度 φ

三、蓟县中—晚元古代的古纬度变化

由古磁纬度变化曲线（图 2-6）可见，蓟县在长达 1 000 Ma 的中—晚元古代漫长地质历史时期内，虽然所在纬度位置不断变换，但以长期处于中、低纬度带内为主，特别是高于庄组和雾迷山组时期，基本上处于赤道附近，这可能是它们产生巨厚的碳酸盐岩沉积的条件之一，这与现代的碳酸盐大多在赤道形成相一致。串岭沟期、洪水庄期也曾接近赤道，气候湿热，为这两个组沉积期间藻类大量繁殖带来有利条件。其它如常州沟组、团山子组、大红峪组、铁岭组等时期，大多是 30°～60°之间。值得注意的是杨庄组沉积时，蓟县仍是处于中纬度地带，而不是在赤道范围内。从下马岭组沉积开始，蓟县一带的气候可能逐渐变冷，直到景儿峪组上部地层时，达 76°左右。

第三章 寒武纪—奥陶纪

本区寒武纪—奥陶纪地层仅有少量出露于蓟县北部山区，蓟县城北府君山一带见有昌平组分布，蓟县东南别山见有冶里组露头，其它均为不同时代的地层所覆盖。根据钻孔和物探资料证实，本区新生代地层之下寒武纪—奥陶纪地层分布较为广泛。主要分布在大口屯—新安镇，唐官屯—程林庄—宁河，王稳庄—咸水沽—军粮城，呈NNE向带状展布。此外，在下仓煤盆地则分布于边缘地带，南部地区大港沙井子一带也有小面积分布（图 3-1）。

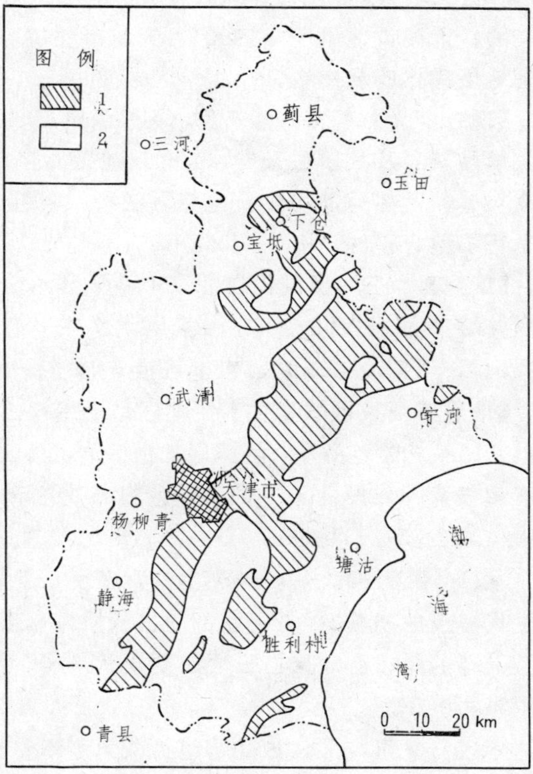

图 3-1 天津市寒武—奥陶纪地层分布图

1. 寒武纪—奥陶纪地层；2. 其它时代地层和岩石

华北地区的寒武纪—奥陶纪地层的层型剖面及命名地点均在山东张夏地区和河北唐山地区，本区该断代地层的研究程度与之相比相差甚远，资料主要来源于水文普查、煤田勘探、地热勘探以及石油勘探的钻孔，因而给地层多重划分对比造成了很大的困难。钻孔中发现的生物化石以牙形石相对较为丰富，其它门类以碎片居多，虽然为地层划分对比起到了一定的参考作用，但主要的还是依据岩性特征和电性组合规律来划分和对比。本次对比研究，按岩石地层单位划分的原则和华北大区寒武纪—奥陶纪地层统一划分方案，本区该断代岩石地层单位自下而上为昌平组、馒头组、张夏组、崮山组、炒米店组、冶里组、亮甲山组和马家沟组。马家沟组辖贾汪段。寒武纪—奥陶纪地层的总厚度为 1 068.5～1 696 m。

第一节 岩石地层单位

昌平组 $\in \hat{c}$ (12-0013)

【创名及原始定义】 1935年张文佑创名，原称“昌平灰岩”。创点地点在北京市昌平县龙山。原始定义：“余等于昌平县城北二、三里许之龙山，在暗灰色厚层灰岩中，发现三叶虫化石，此种三叶虫形体甚小。……皆为下寒武纪上部之标准化石，故知此暗灰色厚层灰岩属下寒武纪上部，姑名之曰‘昌平灰岩’，……可相当于蓟县之景儿峪灰岩之顶部。”

【沿革】 1934年高振西等在蓟县城北至兴隆一带进行地质调查时，将本区出露的昌平组地层划属蓟县剖面震旦系的顶部。1956年，孙云铸、李春昱、杨杰、王曰伦等对蓟县“景儿峪灰岩”进行了详细观察，发现“景儿峪灰岩”上部的角砾状灰岩和厚层灰岩与中部的薄层灰岩之间，存在显著的不整合现象，它所代表的地壳运动遂被命名为“蓟县运动”。不整合面之上这套碳酸盐岩地层1960年王曰伦首建“福金山组”，1963—1964年又改称府君山组。1963年秋，在该套地层中发现 *Megapalaeolenus* 三叶虫化石，其时代属早寒武世。1964年蓟县震旦系现场学术讨论会以后，本区寒武系的下界按上述意见被基本肯定下来。河北省地质矿产局（下简称河北省地矿局）（1965、1989），河北省、天津市区域地层表编写组（1979），张进林（1980），天津市地调所（1990），天津市地质矿产局（下简称天津市地矿局）（1992）等均将该套地层称作府君山组。

【现在定义】 为一套灰色、灰黑色厚层—块状豹斑状粉晶—微晶白云质灰岩、厚层细粉晶—微晶灰岩及灰质白云岩，为北京地区显生宇第一个地层单位，开始产出三叶虫、腕足类、棘皮类、软舌螺等动物化石。与下伏景儿峪组杂色薄层含泥灰岩和上覆馒头组紫红色页岩均为平行不整合接触。

【层型】 正层型剖面在北京市昌平县龙山。天津市的次层型及参考剖面为：蓟县洪水庄乡西井峪剖面（12-0013-4-1）、蓟县洪水庄乡府君祠西剖面（12-0013-4-2）、宝坻县小刘庄B3钻孔剖面（12-0013-4-3）、大港区港59井钻孔剖面（12-0013-4-4）。

【地质特征及区域变化】 本区昌平组仅出露于蓟县城北府君山一带，面积约2 km^2，岩性以灰、深灰黑色的厚、巨厚层的白云岩、白云质灰岩、豹皮状灰岩、沥青质灰岩为特征，底部普遍发育一层厚薄不一的黄灰色白云质角砾岩。产三叶虫：*Redlichia*(*Pteroredlichia*)*murakamii*，*Megapalaeolenus fengyangensis*。

本区景儿峪期之后，地壳上升，遭受长期剥蚀，自早寒武世昌平期开始下沉，揭开了早古生代海侵的序幕。昌平组底部的白云质角砾岩很可能代表了寒武纪海进初期滨海相的沉积，而其上部的厚、巨厚层白云岩、豹皮状灰岩、沥青质灰岩，含少量的生物化石及碎片，则为局限海相沉积。

本区昌平组与下伏景儿峪组为微角度不整合或平行不整合接触关系。在蓟县北岭，昌平组倾向南东10°，倾角25°～30°，景儿峪组倾向南东25°，倾角30°，昌平组呈帽状不整合掩覆于景儿峪组不同层位之上。昌平组与景儿峪组之间的不整合面呈波状起伏或漏斗状。景儿峪组顶面之上的风化残积带受不整合面起伏控制，各处厚度不等。风化残积带之上普遍发育一层黄灰或土黄色的白云质角砾岩，角砾成分比较简单，主要是碳酸盐岩和硅质岩，粒度也比较均一，一般1～2 cm。此层角砾岩的厚度在横向上变化很大，北岭西段只有0.5 m厚，老鸹顶、炮岭一带1 m多，而在大脑峪沟和五十沟则厚达数米，在府君山西坡则缺失。该层角砾岩虽然在小范围内厚度变化较大，但在大范围却广为分布，据区域资料可知，在北京昌平、唐山赵各庄长山沟也能见到这一层位的角砾岩。昌平组与上覆馒头组为平行不整合接触关系，昌平组浅褐灰色灰岩之上被馒头组紫红色砂质页岩所覆，接触界线之上局部地区有一层灰绿色的砾岩。

本区昌平组露头分布局限，并且遭受到府君山推覆构造的影响，使之层序残缺不全，只能在北岭和府君祠的西坡见到相对较全的层序（图 3-2）。尽管如此，根据其岩石组合、动物群特征，仍完全可以和邻区昌平龙山、唐山赵各庄长山沟、卢龙阚各庄小东山、兴隆北水泉大石硐、平泉双硐子等处的昌平组相对比。

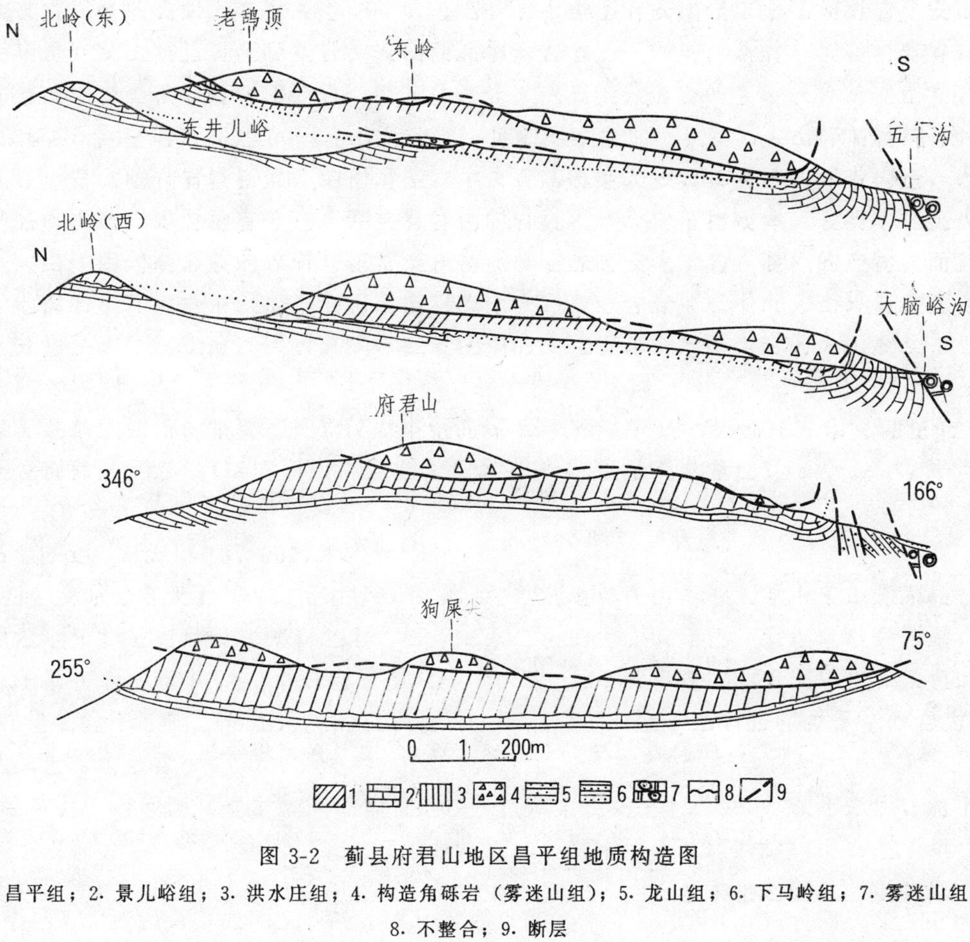

图 3-2　蓟县府君山地区昌平组地质构造图

1. 昌平组；2. 景儿峪组；3. 洪水庄组；4. 构造角砾岩（雾迷山组）；5. 龙山组；6. 下马岭组；7. 雾迷山组；8. 不整合；9. 断层

本区昌平组岩石组合以碳酸盐岩为主，底部的角砾岩只出现在北部的蓟县、宝坻地区，中部及南部地区则不发育。沉积厚度 84.7 至 110 m 左右。

【其它】 根据该套地层岩性特征和所含三叶虫动物群，府君山组应与昌平组为同物异名，考虑到优先权法则，本次建议采用昌平组，而不再采用府君山组一名。

馒头组　∈*m*　(12-0014)

【创名及原始定义】 1907 年 Willis 和 Blackwelder 创名。创名地点在山东省长清县张夏镇馒头山。原始定义：馒头层主要是一套红和棕色页岩，夹有灰色或浅灰色石灰岩，石灰岩经常含泥质成分。这套地层见于张夏村陡壁下四周的坡上，总厚 135～225 m。位于张夏村之正南叫做馒头山的一个孤山处，有一个下与花岗岩不整合接触，上面整合盖着石灰岩的馒头层的完整而出露好的剖面。这就是馒头层的典型剖面。单位就根据这个孤山而命名。

【沿革】 天津市地矿局（1981、1992）将本区府君山组之上，毛庄组之下以暗棕红色白云质泥岩、页岩为主，夹 5～6 层中厚、厚层浅灰、灰、浅棕色灰岩、团粒灰岩、生物灰岩和鲕粒灰岩的地层称馒头组。其含义是狭义的馒头组的概念，不包括其上的毛庄组和徐庄组，与毛庄组的界线，一般是以毛庄组底部的厚层灰岩、白云岩的底面与下伏的馒头组顶部的紫红色白云质泥岩分界。本次地层清理，根据华北大区寒武—奥陶纪岩石地层单位划分方案，将张夏组之下，昌平组之上的这一段地层称为馒头组。

【现在定义】 指华北地层大区寒武系下部以紫（砖）红色页岩为主，夹云泥岩、泥云岩、白云岩、灰岩和砂岩岩石地层单位。底以灰岩或白云岩组合结束，杂色页岩或云泥岩出现划界，与朱砂洞组或昌平组整合或平行不整合接触；顶以页岩或砂岩结束，大套灰岩出现划界，与张夏组整合接触。

【层型】 正层型剖面在山东省长清县张夏镇馒头山。天津市的次层型及参考剖面为：大港区港 59 井钻孔剖面（12-0014-4-1）、津南区小站津 4 井钻孔剖面（12-0014-4-2）、东丽区军粮城塘 23 井钻孔剖面（12-0014-4-3）。

【地质特征及区域变化】 本区馒头组大致可分为上、中、下三个部分：下部以暗棕红色白云质泥岩、页岩为主，夹 5～6 层中厚、厚层浅灰、灰、浅棕色灰岩，团粒灰岩，生物灰岩和鲕粒灰岩；中部碳酸盐岩发育，以泥质灰岩、含球粒灰岩或含粒屑灰质白云岩、白云岩为主；上部以紫灰、灰紫色泥岩，页岩为主，夹较多的泥灰岩、鲕粒灰岩和灰岩，鲕粒灰岩中常见海绿石和生物碎屑，局部地区夹有少量的细砂岩。根据钻孔资料，本区馒头组厚度为 190～375 m 左右。与下伏昌平组成平行不整合接触关系，与上覆张夏组为整合接触关系。

本区馒头组属局限海与潮间泻湖交替沉积相，间有水下浅滩相。灰岩生成于水体安静、盐度正常的局限海环境。暗棕红、灰紫、紫灰色的泥岩、页岩、白云岩形成于干燥气候半封闭的低能环境，为潮间泻湖相。鲕粒灰岩、球粒白云岩、团粒灰岩、生物碎屑灰岩生成于动荡的浅水环境，属水下浅滩相。本区馒头组的中、下部水下浅滩相较为发育。

馒头组在本区岩性、岩相变化较小，分布稳定。由南向北其中部的碳酸盐岩含量增高，陆源碎屑减少，灰质降低，而白云质增高，由泥灰岩渐变为球粒和鲕粒的灰质白云岩，在山岭子一带含球粒灰质白云岩厚达 28 m，大港西部则以泥灰岩为主。

【其它】 本区以往的资料，依据卢衍豪、董南庭（1953）和王曰伦（1960）等人的意见，将该段地层划分为馒头组、毛庄组和徐庄组，分别相当于 Willis，Blackwelder 所称的馒头层的下、中、上三部分，由于岩性相似，尤其是在钻孔内，三者之间的关系就更加不易掌握，因此，实际上本区的多数钻孔未能将它们明确地区分开。本次地层清理，经华北大区的统一，明确了馒头组的范畴和顶底界线，不采用毛庄组和徐庄组，将其统一归并到馒头组之内。

张夏组　$\in \hat{z}$　(12-0015)

【创名及原始定义】 1907 年 Willis，Blackwelder 创名。创名地点在山东省长清县张夏镇附近。原始定义：九龙群的第一个层是盖在馒头页岩软地层之上 150 m 厚的块状石灰岩，形成几百英尺高的陡壁，命名为张夏石灰岩或鲕状灰岩，有时也叫张夏层。最底部是 18 m 厚的薄层橄榄灰色石灰岩，然后是形成陡壁的块状黑色鲕状岩层，平均厚 70 m。陡壁之上的小坡里发育着 30 m 厚的结晶灰岩。上部为暗色和浅灰色递变的灰岩。近顶部有浅灰色砾石灰岩。

【沿革】 天津市地矿局 1981 年称徐庄组之上、崮山组之下，1992 年称徐庄组之上、上寒武统之下的一套岩性以灰色鲕粒灰岩为主,夹薄层绿、灰紫、灰、深灰色泥岩地层为张夏组。

【现在定义】 指华北地层大区馒头组之上，崮山组之下，以厚层鲕粒灰岩和藻灰岩为主夹钙质页岩的岩石地层单位。底以页岩或砂岩结束、大套鲕粒灰岩出现划界，与馒头组整合接触；顶以厚层藻屑鲕粒灰岩结束，薄层砾屑灰岩夹页岩出现划界，与崮山组整合接触。

【层型】 正层型剖面在山东省长清县崮山镇虎头崖。天津市次层型及参考剖面为：大港区港 59 井钻孔剖面（12-0015-4-1)、津南区小站津 4 井钻孔剖面（12-0015-4-2)。

【地质特征及区域变化】 本区张夏组以鲕粒灰岩集中出现为特征，岩性以灰色鲕粒灰岩为主，夹薄层绿、灰紫、灰、深灰色泥岩，厚 79～268.5 m。

从全区来看，张夏组大致分为下、中、上三个部分，下部为灰—深灰含泥质鲕粒灰岩，夹薄层泥灰岩和深灰色页岩，部分地区见有白云质灰岩，底部多含生物碎屑，泥灰岩多为微晶结构，可见鲕粒和藻屑结构，偶见生物碎屑和黄铁矿；中部为深灰色含泥质厚层鲕粒灰岩与黑色页岩互层，含泥质鲕粒灰岩具微晶结构，含少量生物碎屑；上部为灰色厚层鲕粒灰岩，鲕粒灰岩有一部分为褐灰色，多为变鲕，被方解石或白云石充填，呈单晶或多晶，含少量藻屑、三叶虫和海百合茎化石碎片，偶见海绿石。

本区张夏期海侵达到高潮，沉积物以鲕粒灰岩为主，据港 59 井张夏组统计，鲕粒灰岩占岩石总量的 65%，鲕粒灰岩形成于水下浅滩，因此，张夏组以水下浅滩相为主，间夹局限海相的灰岩、页岩沉积。

张夏组在本区钻遇较少，仅见于王草庄、小韩庄、大港和山岭子一带，岩性以鲕粒灰岩为主，间夹不同色调的页岩、泥岩及少量的灰质白云岩、泥灰岩等，这套岩石组合及岩相在本区基本上没有变化，但鲕粒灰岩的厚度、层数和鲕粒的含量各地有些差别，在大港鲕粒灰岩多集中出现在中、上部，向北至王草庄主要在中、下部出现，鲕粒含量也有所降低，在山岭子和东堤头鲕粒灰岩厚度变小，与灰紫色泥岩成互层状。说明当时本区海底微地貌略有差异所致。

崮山组　$\in g$　(12-0016)

【创名及原始定义】 1907 年 Willis, Blackwelder 创名。创名地点在山东省长清县崮山镇崮山村东北侧附近。原始定义：九龙群的第二个层是崮山页岩，因崮山村附近出露得完好而得名。它整合盖在石灰岩之上。这个台阶通常约 50 英尺厚，但其厚度和岩性有轻微的变化。普遍以呈浅绿色的钙质页岩为主，夹有棕、紫、黄色的页岩小层和灰岩透镜体。至今我们未发现化石，页岩中石灰岩薄层通常呈砾状，很少是鲕状岩。

【沿革】 天津市地矿局（1981)、天津市地调所（1984）将张夏组之上，长山组之下的一套竹叶状灰岩、泥质灰岩及鲕粒灰岩夹深绿色页岩地层称崮山组。但由于受钻孔资料的限制，崮山组的范畴和顶底界线大都不够确切或者未能从晚寒武世地层中划分出来，通常情况是将张夏组鲕粒灰岩之上，冶里组灰岩之下的地层都笼统以上寒武统称之。

【现在定义】 指华北地层大区整合在张夏组和炒米店组之间，以黄绿（夹紫红）色页岩、灰色薄层疙瘩状—链条状（瘤状）灰岩、竹叶状灰岩互层为主，夹蓝灰色薄板状灰岩和砂屑灰岩为特征的岩石地层单位。以厚层灰岩结束，薄层砾屑灰岩夹页岩出现为其底界；以页岩结束为其顶界。

【层型】 正层型剖面在山东省长清县崮山镇唐王寨南坡。天津市次层型及参考剖面为：大港区港 59 井钻孔剖面（12-0016-4-1)、津南区小站津 4 井钻孔剖面（12-0016-4-2)。

【地质特征及区域变化】 根据钻孔资料，本区的崮山组是一套灰紫、紫色页岩及灰褐、深灰、灰绿色灰岩，泥质条带灰岩，竹叶状灰岩和豹皮状灰岩的岩石组合，基本上与层型地区相同。底界以张夏组厚层状灰岩结束，页岩开始出现为标志，顶界以页岩结束为标志。与下伏张夏组、上覆炒米店组均为整合接触关系。本组厚度不稳定，表现为南北薄中部厚，宝坻方庄子厚 42.3 m，大苏庄 36 m，小站 61 m。

崮山组在本区由北向南的变化规律是：在北部地区以页岩为主，夹竹叶状灰岩、泥质条带灰岩；中部地区为灰紫色页岩与灰绿色含泥质条带灰岩，灰褐色含泥灰岩，灰褐色灰岩互层；南部地区则变为以灰、灰褐色豹皮状灰岩为主，夹深灰、紫红色的泥岩。

炒米店组　$\in\hat{c}m$　(12-0017)

【创名及原始定义】　1907 年 Willis，Blackwelder 创名。创名地点在山东省长清县崮山镇炒米店村东山脊上，即范庄东侧高山北坡。原始定义：九龙群的第三个层是炒米店石灰岩，由硬质石灰岩组成，形成炒米店东南和西南的小山。呈蓝色，新鲜面为暗灰色、细晶。崮山页岩和炒米店灰岩间的过渡带为 12 m 的板状灰岩，具砾状特征。之上才是炒米店灰岩的灰色层，单层厚度时常不大于 5 或 6 英尺。其顶界以沉积特征变化为标志，即上覆济南层底部变为浅黄色，已显著白云岩化。

【沿革】　本区地层系统中原并未采用过炒米店组，与其相当的层位被称作长山组和凤山组，或与其下伏的崮山组一起合称上寒武统，由于钻孔中所获古生物化石及岩性可分性差，而未能进一步划分。

【现在定义】　指华北地层大区以灰色中厚层微晶灰岩、含生物碎屑藻球粒灰岩、鲕粒灰岩、中薄层竹叶状灰岩为主，夹云斑叠层石藻礁灰岩等以灰岩为特征岩石地层单位。底以页岩结束划界，与崮山组整合接触；顶以灰岩结束、白云岩（或页岩）出现划界，与三山子组（或冶里组）整合接触。

【层型】　正层型剖面在山东省长清县崮山镇唐王寨至范庄东坡。天津市次层型及参考剖面为：大港区港 59 井钻孔剖面（12-0017-4-1）、津南区小站津 4 井钻孔剖面（12-0017-4-2）。

【地质特征及区域变化】　炒米店组在标准地点，其下部以具氧化圈竹叶状砾屑灰岩、薄板灰岩及页岩和藻礁灰岩为特征；上部为灰色薄层泥纹泥晶灰岩、生物碎屑灰岩、厚层云质条带球粒灰岩、砂屑灰岩、蠕虫灰岩、云斑泥晶灰岩、白云质竹叶状砾屑灰岩为特征。本区炒米店组岩石组合总体面貌可与之对比，主要是互层状灰褐色灰岩与灰、灰褐色竹叶状灰岩，夹深灰、浅灰绿、灰黄色含泥质条带灰岩、斑状灰岩及少量的鲕灰岩、页岩。厚度为 130～177 m。

本组化石相对较丰富，见有三叶虫、腕足类和头足类碎片，并见有较多的牙形石。

本区炒米店组属局限海与水下浅滩交替沉积，灰岩、泥质条带灰岩形成于潮下低能环境，属局限海相，竹叶状灰岩一般形成于潮下高能环境，属水下浅滩相。

炒米店组与下伏崮山组为整合接触关系，一般以崮山组灰紫色页岩结束，炒米店组的灰岩、泥质条带灰岩出现划界，大多数钻孔都能加以区分。与上覆冶里组亦为整合接触，连续过渡，在钻孔中具体的界线往往不易掌握，而以大套的岩性变化来划分。

本区炒米店组在北部地区尚未发现有揭露完整的钻孔，中部小站一带厚 130 m，南部大苏庄厚 177 m，从北向南略有增厚的趋势。岩性组合基本无大的变化，泥质成分的含量北部高于南部，如北部宝坻方庄子一带，灰、灰褐色泥质条带灰岩占主要成分，而在南部大苏庄一带仅在底部出现。

冶里组　*Oy*　(12-0018)

【创名及原始定义】　1922 年 Grabau 创名，原称冶里石灰岩（Yehli Limestone）。创名地点在唐山市开平镇冶里村。原始定义：马家沟北冶里村附近之石灰岩，是系底部有砾岩，位于寒武纪地层之上。

【沿革】 1981年天津市地矿局、1984年天津市地调所在划分天津市地层时，均将凤山组之上，马家沟组之下的地层称冶里-亮甲山组。1992年天津市地矿局则称上寒武统之上，亮甲山组之下的地层为冶里组。本区在多数钻孔剖面中未能将冶里组与亮甲山组分开，而统称之为下奥陶统。

【现在定义】 由灰色厚层、中厚层状灰岩夹少量砾屑灰岩及少量很薄的（层厚经常是十几厘米）黄绿色页岩组成。其下与炒米店组薄层灰岩为整合接触；其上被亮甲山组含燧石结核灰岩整合覆盖。

【层型】 正层型剖面在河北省唐山市赵各庄长山。天津市次层型和参考剖面为：大港区港59井钻孔剖面（12-0018-4-1）、津南区小站津4井钻孔剖面（12-0018-4-2）。

【地质特征及区域变化】 本区的冶里组以深灰、灰褐、灰绿色的花斑状（豹皮状）灰岩为特征，下部夹竹叶状灰岩，上部夹灰岩、含泥灰岩，厚度为67～71.5 m。含牙形石化石。与下伏炒米店组、上覆亮甲山组均为整合接触。

本区冶里组唯一的露头位于蓟县别山镇东北3 km，出露面积仅有0.04 km^2。岩性为白云岩化灰岩、角砾灰岩及灰质角砾岩。灰岩由于后期的白云岩化作用，往往形成不规则斑状或条带。含有动物化石碎片，包括三叶虫、海百合茎、小个体介形虫和虫管化石。从有限的较完整的冶里组钻孔剖面来看，沉积厚度较稳定，变化不大。岩石类型北部以豹皮状灰岩为主，夹竹叶状灰岩、灰岩、含泥灰岩，南部以灰岩为主，夹豹皮状灰岩、白云质灰岩。

亮甲山组 *Ol* （12-0019）

【创名及原始定义】 1919年叶良辅、刘季辰创名，原称亮甲山灰岩。创名地点在河北省抚宁县石门寨亮甲山。原始定义：系馒头页岩之上，石炭纪含煤层之下，总厚约800 m之石灰岩。自下而上可分为4层：1. 黑色纯石灰岩、2. 鲕状石灰岩、3. 竹叶状石灰岩、4. 黑色纯石灰岩。

【沿革】 1981年天津市地矿局及1984年天津市地调所将凤山组之上，马家沟组之下的地层统称为冶里-亮甲山组，亮甲山组未被单独分出。1992年天津市地矿局将冶里组之上，马家沟组之下的一套灰岩、白云质灰岩、白云岩为主的地层称为亮甲山组。

【现在定义】 指冶里组与马家沟组之间的灰色含燧石结核灰岩、白云岩夹少量砾屑灰岩的岩石组合。底部以含燧石结核灰岩与冶里组分界，整合接触；顶界与马家沟组底部薄板状白云岩、砾屑白云岩等呈平行不整合接触。

【层型】 选层型剖面在河北省唐山市赵各庄矿西约4 km。天津市次层型及参考剖面为：大港区港59井钻孔剖面（12-0019-4-1）、津南区小站津4井钻孔剖面（12-0019-4-2）。

【地质特征及区域变化】 本区亮甲山组主要为一套棕黄、褐灰、灰褐、浅灰绿色的灰岩、含泥灰岩，夹灰绿、浅灰褐色含泥白云质灰岩，白云质灰岩，岩石中普遍含沥青质。厚度为124.5～128 m。含牙形石化石。灰岩、白云质灰岩形成于正常浅海环境，属局限海相。

与下伏冶里组的界线在钻孔中一般不易划分，以豹皮状灰岩或所谓花斑状灰岩结束厚层灰岩出现作为划分标志。与上覆马家沟组的接触关系，根据区域资料为平行不整合接触，以马家沟组白云质灰岩或白云岩、角砾状白云岩出现与亮甲山组分界。当马家沟组贾汪段存在时，则以贾汪段首次出现的绿灰色泥岩的底面与亮甲山组灰岩分界。

本区亮甲山组沉积厚度较稳定，岩性、岩相变化都不大，南部地区几乎全由灰岩组成，仅在底部夹少量泥质条带灰岩，向北岩性略为复杂，泥质和白云质成分增加，而且含泥灰岩中常富含沥青质。

马家沟组　*Om*　(12-0020)

【创名及原始定义】　1922 年 Grabau 创名，原称马家沟石灰岩 (Machiakou Limestone)，创名地点在河北省唐山市开平镇马家沟村。原始定义：马家沟村附近之石灰岩，因产 *Actinoceras* 甚富，曾名之为珠角石石灰岩。

【沿革】　长期以来，广大地质工作者将“马家沟灰岩”分为上、下两部分，并采用“上马家沟组”和“下马家沟组”两个地方性名称。本区亦沿用“上马家沟组”和“下马家沟组”来代表本区的中奥陶世这一段地层。1976 年，河北第一区测队于峰峰矿区创立“峰峰组”一名，指唐山剖面中奥陶统缺失的部分。而后，本区也相继发现了与“峰峰组”相当的层位，在“上马家沟组”之上残存约 100 m 左右，遂“峰峰组”一名也被引入本区。

【现在定义】　指亮甲山组或三山子组之上，本溪组之下的灰色厚层—巨厚层灰岩夹白云岩、角砾状灰岩、角砾状白云岩的岩石组合。底部与亮甲山组或三山子组呈平行不整合接触；顶部与本溪组亦为平行不整合接触。

【层型】　正层型剖面在河北省唐山市赵各庄长山。天津市次层型和参考剖面为：大港区港 59 井钻孔剖面（12-0020-4-1)、津南区小站津 4 井钻孔剖面（12-0020-4-2)、大港区太 10 井钻孔剖面（12-0020-4-3)。

【地质特征及区域变化】　本区马家沟组主要由灰、深灰、灰褐色厚—块层灰岩为主，夹灰白、灰褐、灰绿、灰黄、棕黄色薄层白云岩、白云质灰岩、泥质灰岩和少量的灰、灰黑、绿灰色泥岩、铝土岩组成。揭露的最大厚度是港 59 井，达 523.5 m。含较为丰富的牙形石化石。

灰岩、泥质灰岩、白云质灰岩等是在一个较稳定的浅海环境下的沉积，故本区马家沟组属局限海相。

本区马家沟组与下伏亮甲山组为平行不整合接触关系。

本区马家沟组从岩性组合及生物群特征（牙形石)，完全可以和邻区相对比。在物质成分上略有些变化，北部地区白云质成分高，南部地区泥质成分相对较高。据宝坻县北潭乡小赵庄化 51 孔揭露，灰岩与白云岩成互层状交替出现。向南，白云岩逐渐被白云质灰岩取代，而普遍可见泥岩夹层和含泥灰岩、含泥白云质灰岩以及少量的泥灰岩。

【其它】　根据华北大区地层对比研究 1993 年第二次工作会议关于寒武系—奥陶系断代一些遗留问题的处理意见，马家沟组是在三山子组或亮甲山组顶部平行不整合面之上，本溪组底部平行不整合面之下的一套中—巨厚层灰岩夹白云岩和角砾状白云岩的岩石组合，本区不再采用下马家沟组、上马家沟组以及峰峰组等地层名称。

贾汪段　O^j　(12-0021)

【创名及原始定义】　李仲揆（李四光）1930 年创名“贾汪页岩”，1932 年由谢家荣介绍。创名地点在江苏省铜山县贾汪。原始定义：本层厚仅 10～15 m，为黄色薄页岩及页状薄灰岩所成，有时灰质较富，则颇似一种薄层灰岩，然其页状及黄色之特性，仍然保存。本层成层虽薄，而分布却广，且常占固定之层位，即位于三山子石灰岩及马家沟青灰色石灰岩之间。

【沿革】　本区马家沟组下部大套灰岩之下，亮甲山组灰岩之上发育一套灰褐色灰岩与绿灰色泥岩互层的岩石组合，以往文献未将其单独划分出来。本次地层对比研究，根据其出现的层位及其岩石组合特征，按照华北大区地层清理研究 1993 年第二次工作会议关于寒武系—奥陶系断代一些遗留问题的处理意见，我们将其与“贾汪页岩”相对比，作为低于组的正式岩石地层单位，置于马家沟组内称之为贾汪段。

【现在定义】 土黄、局部紫红灰色页状泥质粉晶白云岩或白云质泥灰岩夹白云质页岩及角砾岩。底以灰黄色薄层细砾岩与三山子组上段浅灰色中厚层含燧石结核细晶白云岩平行不整合，界线清晰；顶与上覆的马家沟组土黄色薄—中厚层角砾状泥灰质白云岩、白云质泥灰岩或灰色厚层角砾状灰岩整合接触，界线不够清晰。

【层型】 正层型剖面在江苏省铜山县寨山。天津市次层型剖面为津南区小站津4井钻孔剖面（12-0021-4-2）。

【地质特征及区域变化】 贾汪段在本区的钻孔中主要是一套灰褐色的灰岩和绿灰色泥岩，呈互层状，厚度约72.5 m。由于本区穿透马家沟组的钻孔不多，目前还不能搞清其在本区的展布情况，只知在本区中部津南区小站一带发育，南部地区缺失。

第二节 古生物特征及地层时代归属的讨论

由于本区寒武纪—奥陶纪地层资料绝大部分来源于钻孔，缺乏说明岩石地层单位的时代属性及对说明岩石地层与生物、年代地层相互关系的内容，有的岩石地层单位（如馒头组、张夏组）没有或基本上没有古生物资料，所以本节只能根据已搜集的现有资料，对有关的岩石地层单位古生物特征及其时代归属做一简单的讨论。

（1）昌平组：昌平组为本区显生宙第一个岩石地层单位，化石稀少，仅发现 *Redlichia* (*Pteroredlichia*) *murakamii*，*Megapalaeolenus fengyangensis*。以三叶虫类莱德利基虫科和椭圆头虫科为特征，一般个体小，属种单调。相当于扬子区沧浪铺阶上部 *Megapalaeolenus* 带，时代为早寒武世。本区昌平组从岩性和化石上可与北京、河北以及辽西的昌平组相对比。

（2）炒米店组：含有较丰富的牙形石，计有：*Proconodontus* sp.，*Oneotodus gracilis*，*Furnishina asymmetrica*，*Cordylodus proavus*，*C. intermedius*，*Scandodus furnishi*，*Acantiodus* sp. 等。其中 *Proconodontus* sp. 为凤山阶的特有分子。1982年卢衍豪等对唐山晚寒武世地层再研究时，将 *Proconodontus* zone 作为凤山阶下部的一个牙形石带。就现有资料本区炒米店组时代为晚寒武世。

（3）冶里组：本区冶里组只见有少量的牙形石，但具有一定的代表性。在王草庄见有："*Acodus*" *oneotensis*，*Drepanodus* sp.，它们均是早奥陶世早期的重要分子，在邻区出现在北京市门头沟双石头剖面，下苇甸以及河北、辽宁的冶里组。因此，本组时代为早奥陶世早期。

（4）亮甲山组：本组产牙形石：*Cordylodus* sp.，*Scolopodus* sp.，*Scandodus* sp.，*Subcordylodus* sp. 等，以单锥为主，与冶里组关系密切，二者的区别是亮甲山组牙形石基部更发育，基腔多为低三角形，原始的 *Oneotodus* 已少见。本区牙形石组合特征基本反映了亮甲山的组合特征，可与邻区亮甲山组对比，时代为早奥陶世晚期。

（5）马家沟组：本区马家沟组产丰富的牙形石，下部有：*Scolopodus expansus*，*Tangshanodus tangshanensis*；中部有：*Panderodus* sp.，*Scandodus* sp.，*Cordylodus* sp.；上部有：*Microcoelodus* sp.，*M. symmetricus*，*Fengfengdus fengfengensis*，*Cordylodus* sp.，*Badoudus badouensis*。其中 *Tangshanodus tangshanensis Panderodus* sp.，*Microcoelodus* sp. 均为河北马家沟组重要的带化石。上部牙形石组合与清理前的河北"峰峰组"、山东博山"八陡组"（现均为马家沟组的同物异名）具有明显的可比性。根据牙形石组合特征，本区马家沟组时代为早奥陶世—中奥陶世。

第四章
石炭纪—三叠纪

石炭纪—三叠纪地层在本区没有出露，全部被中、新生代地层所覆盖。根据钻探和物探资料证实，本区的石炭纪—三叠纪地层主要分布在西北部的静海—杨柳青—武清一线和东南部的大港—塘沽—宁河一线，呈大面积 NNE-SSW 向展布，而在下仓煤田则分布于中心部位(图 4-1)。最大厚度在静海南部的里坦凹陷，可达 1 200 m，一般厚度为 650～1 000 m。岩性由下部的海陆交互相含煤建造向上逐渐过渡为内陆盆地以河湖、沼泽相含煤碎屑岩和内陆红色、杂色碎屑岩夹铝土质泥岩的沉积。下部以含䗴类等海相动物化石为特征，上部以产植物化石为主。与下伏奥陶纪马家沟组呈平行不整合接触，上部被中、新生代不同层位所覆盖。

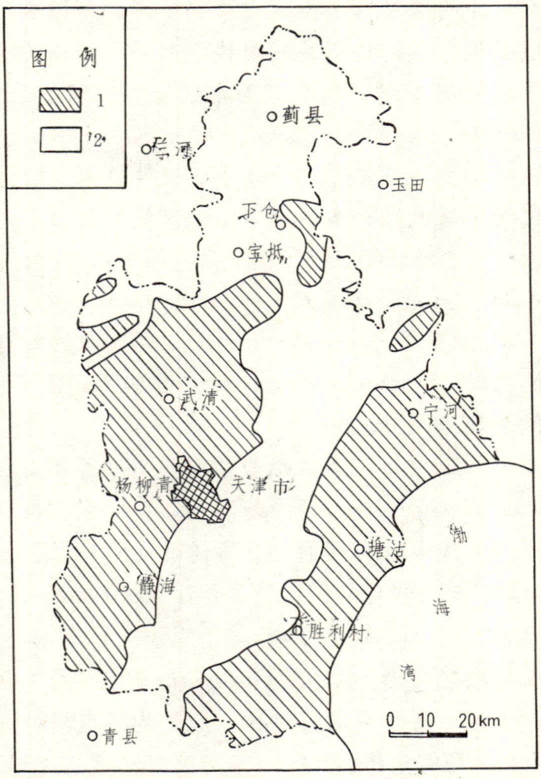

图 4-1 天津市石炭纪—三叠纪地层分布图

1. 石炭纪—三叠纪地层；2. 其它时代地层和岩石

本区该断代地层的研究程度差别较大，相对来讲，石炭纪—二叠纪地层研究程度比三叠纪高，北部地区比南部地区高。在地层命名上同时使用两套名称，一般南部地区大都采用华北大区区域性的地层系统名称，北部下仓煤田使用唐山开平盆地地方性地层系统名称。

本次通过对本区各地的石炭纪—三叠纪地层钻孔剖面的分析、研究、对比，按岩石地层单位划分原则，可划分为 5 大套岩石组合，它们是：

(1) 奥陶纪与石炭纪地层之间平行不整合面之上，也即马家沟组之上第一层稳定的灰岩之下的一套铝土岩、粘土岩、粉砂岩、细—粗砂岩、碳质泥岩夹煤层的岩石组合。

（2）最下一层灰岩的底面与最上一层灰岩顶面之间的一套泥岩、粉砂质泥岩、碳质泥岩、粉砂岩、灰岩和煤层组成的海陆交互相含煤岩系。

（3）由泥岩、碳质泥岩、粉砂岩、砂岩、凝灰质砂岩、沉凝灰岩和煤层组成的滨海平原含煤岩系（不含灰岩）。

（4）下部由灰、浅灰、灰绿色砂岩，灰紫色粉砂岩，泥岩，底部夹有不稳定煤线；上部为灰白、紫红、灰紫色中、粗砂岩，粉砂岩，泥岩组成的河湖相沉积岩组合。

（5）岩性以暗紫红、紫红色泥岩与紫灰、灰紫色砂岩互层的以河流相为主的沉积岩组合。

上述 5 大套岩石组合是本区石炭纪至三叠纪最基本的岩石地层单位，根据岩石地层单位划分原则和华北大区的统一划分方案，第一套应称为本溪组，第二套应称为太原组，第三套应称为山西组，第四套应称为石盒子组，第五套应称为石千峰群（群内未做进一步划分），本溪组、太原组和山西组隶属月门沟群。

本区修订后的岩石地层单位与原地层系统划分对比关系见图 4-2。

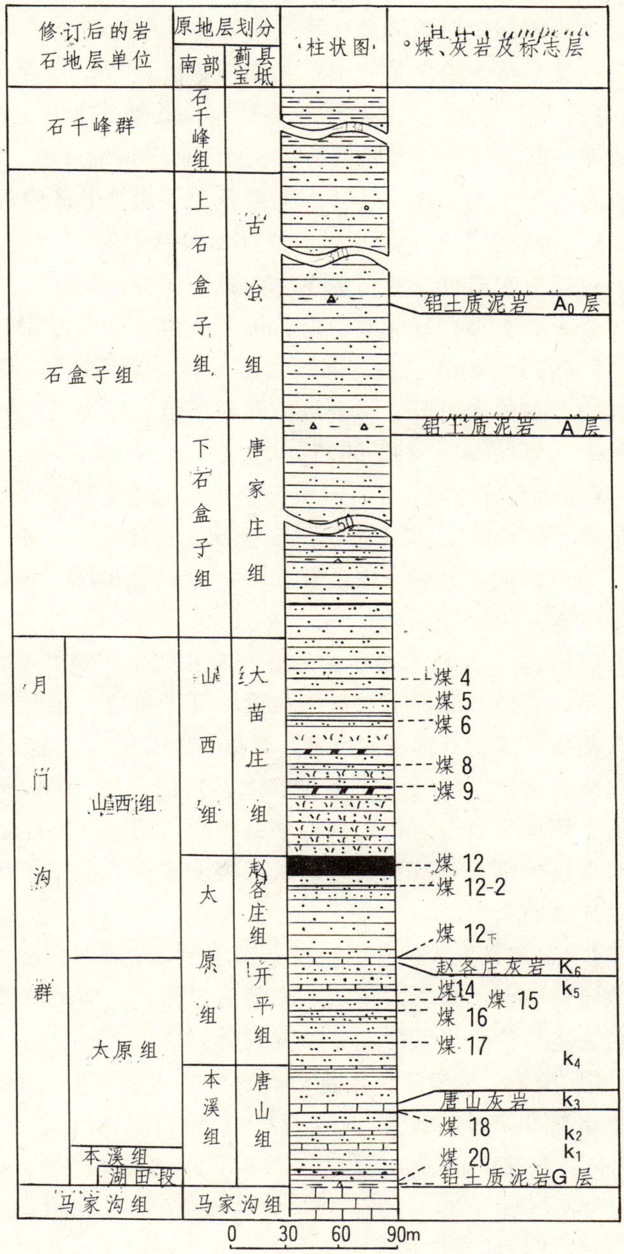

图 4-2 天津市石炭纪—三叠纪地层综合柱状剖面图

第一节 岩石地层单位

月门沟群 CPY (12-0022)

【创名及原始定义】 1922 年由 Norin 创名，原称月门沟煤系。创名地点在太原西山西铭村的月门沟。原始定义：Norin 创名的月门沟煤系，是指太原西山、东山平行不整合覆于奥陶系风化面以上、伏于骆驼脖子砂岩之下的一套含煤地层。在骆驼脖子沟，以斜道灰岩顶面为界，将月门沟煤系分为上、下两部分。下部：太原系；上部：山西系。

【沿革】 1922—1925 年翁文灏、葛利普亦称下月门沟煤系为太原系，上月门沟煤系为山西系。1926 年李四光、赵亚曾将上述的太原系下部划分出本溪系。1939 年李四光亦用月门沟系代表太原系和山西系，但本溪组不包括其中。1956年李星学、盛金章主张保留月门沟系，以代表太原统和山西统之和，时代认为属晚石炭世至早二叠世。1957年刘鸿允将月门沟系改称月门沟统，认为整个月门沟统属晚石炭世。1963年李星学进一步将月门沟统改称月门沟群。

【现在定义】 指华北平行不整合于奥陶系之上，上古生界下部的海陆交互相—陆相的含煤岩系。由下部——太原组（包括底部湖田铁铝岩段）和上部——山西组组成①。其底界即以奥陶系古风化面为界，顶界以上覆石盒子组最下部的灰绿色砂岩底面为界，为连续沉积。

【地质特征】 本区月门沟群底部为铝土质岩、粘土岩、粉砂岩、砂岩夹碳质泥岩和煤线，向上过渡为灰黑色、灰白色泥岩，碳质泥岩，粉砂岩，砂岩和煤构成的海陆交互相和陆相的含煤岩系，上部夹凝灰质砂岩、沉凝灰岩。厚度为216～413 m。

【其它】 对比研究后本区月门沟群由老到新包括本溪组、太原组和山西组，不采用与上述同物异名的唐山组、开平组、赵各庄组和大苗庄组地方性地层名称。

本溪组　*Cb*　(12-0023)

【创名及原始定义】 1926年赵亚曾创名，创名地点在辽宁省本溪市新洞沟与蚂蚁村沟间牛毛岭。原始定义：“本系位居奥陶纪石灰岩之上，共厚约九十余公尺，全部均为页岩、砂岩及石灰岩薄层所作成，不含煤层……兹以 *Spirifer mosquensis* 特别发达于本溪湖之故特名之曰本溪系……”

【沿革】 本区本溪组的划分延伸了邻区资料，南部地区称本溪组，采用华北大区区域性地层系统名称，北部下仓煤田和唐山开平盆地对比，使用地方性地层名称唐山组。唐山组一名最初由马底幼（1927）命名，原称“唐山灰岩”，指开平煤田石炭系及二叠系自下而上的第三组海相灰岩。1949年马底幼扩大其范围，将“唐山灰岩”及其以下至中奥陶统马家沟群之间的沉积层称唐山组，代表与本溪组相当的中石炭世地层。由此可见，本区以往所划分的本溪组或唐山组，包括了现称的太原组下部地层，按岩石地层划分原则，第一层灰岩以上的部分，应划归太原组。

【现在定义】 指月门沟群下部地层，平行不整合于奥陶纪马家沟组灰岩之上，整合伏于太原组或山西组地层之下的一套碎屑岩层。上部是以紫色、黄绿色砂岩页岩为主；下部是以紫色为主含铁铝岩系的泥岩、页岩。

【层型】 该组正层型剖面在辽宁省本溪市市6 km新洞沟和蚂蚁村沟之间牛毛岭。天津市次层型及参考剖面为：大港区沙井子村港3井钻孔剖面（12-0023-4-1）、西青区王庆坨新葛4井钻孔剖面（12-0023-4-2）、津南区小站津4井钻孔剖面（12-0023-4-3）、宝坻县大高庄水3孔钻孔剖面（12-0023-4-4）、蓟县刘总兵庄下8孔钻孔剖面（12-0023-4-5）。

【地质特征及区域变化】 本区的本溪组是一套滨海平原型淡化泻湖、滨海湖泊及沼泽相的沉积组合。主要的岩石类型为灰、浅灰、棕黄、褐灰、紫花斑状的铝土岩，浅灰、深灰色粘土岩，鲕状泥岩，黑色碳质泥岩，浅灰、深灰、绿灰色的粉—粗砂岩，钙质砂岩。夹薄煤层（或煤线），岩石中常见大量的黄铁矿。

钻孔中发现少量的植物化石碎片，未见有铁矿的报道。

本区本溪组辖湖田段。

本溪组在本区厚25.4～52.1 m，各地不一，由北向南依次为：下仓52.1 m，大高庄25.4 m，小站29.5 m，王庆坨32 m，沙井子27.5～40 m，大苏庄34 m。由以上数字看，无规律可循，

① 华北地层区东北部，太原组之下尚发育有本溪组。

反映本区奥陶纪晚期地壳抬升之后，遭受长期的风化剥蚀，基底凹凸不平，造成了本溪组沉积厚薄不均。

本溪组在本区的岩石组合也比较复杂，总的变化趋势是北部沉积物粗，以不同粒级的砂岩为主，多夹不稳定的煤层，向南泥岩逐渐增多，铝土质岩石更为发育。例如北部地区下仓煤田的本溪组，以灰、深灰色的各种粒级砂岩为主，经常出现的有粉砂岩、细砂岩，中砂岩和粗砂岩，只夹少量的泥岩和铝土岩。中部小站、王庆坨等地泥岩成分大量增加，与砂岩呈互层状，砂岩为灰、灰绿色，通常为粉砂岩或细砂岩，泥岩呈浅灰、深灰、灰紫、紫红色，含碳质者为灰黑色，有时为鲕状泥岩。南部地区的沙井子和大苏庄一带的沉积类型以铝土岩、泥岩为主，呈不等厚的互层，砂岩则变为夹层，铝土岩为灰、浅灰、棕黄、褐灰色，单层厚度较大。

湖田段　C^h　(12-0024)

【创名及原始定义】　湖田段一名源于1952年关士聪、李星学、张文堂等在鲁西所创建的湖田统，1957年由丁培榛、范嘉松等介绍发表。原始定义：关士聪、张文堂等（1952）将本溪统下部铁铝岩层命名为湖田统，是一个多次沉积与侵蚀的产物，时代为前中石炭纪，本溪统上部仍用日本人小贯义男的地层名称章邱统，时代为中石炭纪。两者呈平行不整合接触。

【沿革】　本区月门沟群本溪组底部分布一套由铁质岩、铝质岩、铝土质页岩组成的地层，以往工作未将其单独建立岩石地层单位。经本次对比研究，为便于与邻区对比，按岩石地层划分原则，将其确定为隶属本溪组之内的次级正式岩石地层单位——湖田段。

【现在定义】　指本溪组底部的铁铝岩系。主要岩性为紫红色铁质泥岩、黄灰—灰白色铝土质泥岩及青灰—灰白色铝土岩。底以奥陶系古风化面为界，与下伏马家沟组平行不整合，局部角度不整合接触；顶以铝土矿之顶面为界。

【层型】　选层型剖面在山东省淄博市河西乡东万山。我市次层型及参考剖面为：大港区港59井钻孔剖面（12-0024-4-1）、大港区太10井钻孔剖面（12-0024-4-2）。

【地质特征及区域变化】　本区湖田段主要分布在大港区沙井子、大苏庄一带，顶以最上一层铝土岩顶面为界。厚度为25～32.5 m。

太原组　Ct　(12-0025)

【创名及原始定义】　1922年由翁文灏、Grabau创名。创名地点在山西省太原西山。原始定义:“华北晚古生代含煤地层的下部。”翁文灏等把华北晚古生代含煤地层分成两部分。下部称太原系，上部称西山系。在太原西山，太原系是指奥陶系风化面以上的一段海陆交互相含煤地层。

【沿革】　本区太原组南部地区沿用华北大区区域性地层系统称太原组，北部下仓煤田沿用唐山开平盆地地方性地层系统，其下部称开平组，上部称赵各庄组。开平组原称“开平层”，1923年马底幼创名于开平镇附近，代表该地区石炭二叠纪含煤地层，《中国区域地层表（草案）》（1956）把“开平层”改称开平组，并限制它的内容：仅代表马底幼（1928）“开平层”的“第14层”。1964年河北煤田第一勘探队扩大了它的范围，把其上部的“赵各庄灰岩”包括在内，统称开平组，以浅灰、深灰色细砂岩及粉砂岩为主，夹深灰色泥岩和三层不纯的薄层灰岩，自下而上分别称K_4、K_5、K_6，顶板为K_6。赵各庄组原称“赵各庄石灰岩及页岩”，又称“赵各庄页岩”，1920年Grabau创名于唐山赵各庄。1923年马底幼称赵各庄带，包括自“唐山灰岩”顶面到第五层煤的一段地层，1928年又将第14层划出改称赵各庄层。《中国区域地层表（草案）》（1956）改称赵各庄组，用以代表第13层到第8层煤间的一段地层，其时代为晚石炭世。1964 年河北煤田第一勘探队，将赵各庄组用以代表“赵各庄灰岩”顶面以上至煤 11 顶板顶面的一段地层。1978 年，天津市煤田地质勘探队将赵各庄组的顶界修订为煤 12 的直接顶板粉砂岩之顶面。

由以上沿革可见，本区原称太原组（开平组和赵各庄组）的范畴是指包括“唐山灰岩”（K_3）至煤 12 直接顶板顶面之间的一段含煤地层，与现称太原组比较，其下部未包括原本溪组上部 K_1—K_3 之间的一套海陆交互相含煤地层，而上部多出了 K_6（赵各庄灰岩）以上至煤 12，也即现称山西组下部的一段以陆相为主的含煤地层。

【现在定义】 指平行不整合于奥陶系之上的月门沟群（煤系）下部地层。由海陆交互相的页岩夹砂岩、煤、石灰岩构成的旋回层（多个）组成。其底界（本溪组，大多缺失）即划在湖田铁铝岩段底面①；其上，以最上部一层灰岩的顶面与同属月门沟群的山西组为界，为整合接触。

【层型】 正层型剖面在山西省太原市西山西铭七里沟。天津市次层型及参考剖面为：宝坻县大高庄水 3 孔钻孔剖面（12-0025-4-1）、蓟县刘总兵庄下 8 孔钻孔剖面（12-0025-4-2）、西青区王庆坨新葛 4 井钻孔剖面（12-0025-4-3）、大港区沙井子村港 3 井钻孔剖面（12-0025-4-4）、大港区太 10 井钻孔剖面（12-0025-4-5）。

【地质特征及区域变化】 本区的太原组主要为一套由灰、深灰、灰黑色泥岩，碳质泥岩，粉砂质泥岩，粉砂岩，中、细粒砂岩，煤和灰岩等组成的海陆交互相含煤岩系。厚度为 53～179.5 m。是本区的主要含煤地层，含煤 0～6 层，除少数煤层较稳定，余者均为不稳定的薄煤层。其中煤 14 是主要可采煤，属稳定煤层，在下仓一带厚 0～3.89 m，一般 2.11 m。砂岩的成熟度高，碎屑成分以石英为主，含量占 90%以上，磨圆及分选性都较好，具板状交错层理，细碎屑沉积的粉砂岩多具水平层理及斜坡状层理，常见菱铁质结核及丰富的黄铁矿散晶，含植物化石碎片。全区夹 4～6 层灰岩，北部蓟县下仓地区夹 6 层灰岩，自下而上分别名为 K_1、K_2、K_3、K_4、K_5、K_6，和唐山开平盆地完全可以对比，其中含丰富的化石，是本区煤系地层对比的良好标志层。

K_1 为砂质灰岩，厚 0～0.6 m，一般 0.23 m，有时相变为钙质粉砂岩或钙质泥岩，含动物化石碎屑，下距奥陶纪马家沟组灰岩约 20 m。

K_2 为灰色中层状灰岩，层位较稳定，下距 K_1 灰岩 10 m 左右，含䗴化石：*Profusulinella* aff. *montichomata*，*Fusulinella* sp.，*Ozawainella angulata*，*O. mosquensis*，*O. vozhgalica*，*Fusiella typica*，*Pseudostaffella khotunensis*，*Hemifusulina* sp. 等。

K_3 为灰色、浅灰色中层状灰岩，间夹钙质泥岩或泥灰岩（在开平地区称唐山灰岩）。层位十分稳定，普遍发育，为本组最理想之标志层，厚 3.46～6.62 m，一般 5.0 m。富含珊瑚、双壳类、䗴和腕足类。其中䗴有：*Fusulina cylindrica*，*F. quasicylindrica*，*F. comis*，*Beedeina pseudokonnoi*，*B. konnoi*，*B. pseudonyfrica*，*Fusulinella* aff. *bocki*，*Fusiella typica*，*Pseudostaffella sphaeroidea*，*P. formosa*，*Ozawainella* sp.。腕足类：*Choristites* sp.，*Chonetes* sp.。

K_4 为灰色中层状灰岩，层位比较稳定，有时相变为钙质粉砂岩，厚约 2.0 m 左右，下距 K_3 灰岩 20 m，富产䗴：*Fusulina quasicylindrica*，*F. cylindrica*，*F. ozawai*，*F. megasphaerica*，*Beedeina pseudokonnoi*，*Profusulinella* cf. *wangyüi*，*Profusulinella staffellaeformis*，*Ozawainella vozhgalica*。腕足类：*Dictyoclostus* sp.，*Neochonetes carbonifera*。双壳类：*Palaeonella*

① 当本溪组存在时，可划在太原组最下部一层灰岩之底面。

anthraconeiloides 等。

K_5 为深灰色薄层不纯灰岩，多含泥质及砂质，动物化石碎片十分丰富，很少见到完整的化石个体，厚度不及 0.5 m，一般在 0.1 m 左右，但层位很稳定，上距 K_6 灰岩一般为 15 m 左右，为预见煤 14 的良好标志。

K_6 为灰色厚层状灰岩，质地较纯，厚 1.5 m 左右，位于本组之顶部（在开平地区称赵各庄灰岩），含大量海百合茎及䗴化石：*Schubertella lata*，*S. obscura penchiensis*，*Millerella megasphaerica*，*M. elevata*，*Quasifusulina longissima*，*Q. gracilis*，*Rugosofusulina* cf. *deformis*，*R.* sp.，*Dunbarinella panda*，*Triticites deshengensis*，*T.* cf. *parvulus*，*Montiparus* sp.。

太原组继承了本溪组沉积特点，在本区形成了较为广泛的海陆交互相的含煤岩系，上部沼泽相和泥炭沼泽相显著增多。

本区的太原组只在下仓煤田一带研究较详，进行过煤田详查和精查，资料丰富，其它地区均较粗略。按现在定义划出的太原组厚度变化很大，最薄地区如王庆坨只有 53 m，最厚达 179.5 m（南部地区大苏庄）。总体在岩性和岩相方面变化不大，但各地所夹的灰岩及煤的层数变化较大，有的地方未钻遇到煤层，如王庆坨，只有多层黑色泥岩，北部有 6～7 层，对比得比较清楚，南部常见 4～5 层。灰岩在北部有稳定的 6 层，中部和南部据文献记载通常为 4～5 层。

山西组　P$\hat{s}$　(12-0026)

【创名及原始定义】　1907 年由 Willis 和 Blackwelder 创名，原称“山西系”。创名地点在山西省太原市晋祠柳子沟北岔沟。原始定义：“从 Richthofen 和其他观察者的考察中，可知石炭纪和二叠—石炭纪陆相沉积在山西省广泛出露。因此，我们提出山西系的名称。在太原府附近向南到汾河向西弯曲处，我们时常发现它们。在太原府和文水县之间露头是几乎连续的。那儿有两套主要地层：(1) 杂色软页岩，Richthofen 称为太阳，它包含煤层，并直接露盖在震旦纪灰岩之上；(2)一套浅红色砂岩夹少量砂质页岩。”

【沿革】　本区的山西组，在南部地区的大多数钻孔中没有被划分出来，而以石炭系—二叠系或二叠系笼统称之。北部蓟县下仓地区沿用唐山开平地区地方性地层系统，称为大苗庄组。大苗庄组初见于钱家营大苗庄勘探区详查报告（李占春，1959）。1977 年河北省第二区域地质调查队把赵各庄组含黄铁矿化泥岩之顶面至煤 3 之上的一层黑色泥岩之顶面的一段地层称大苗庄组。本区大苗庄组的划分底界是以煤 12 的直接顶板粉砂岩的顶面与下伏赵各庄组分界，顶界是以煤 5 之上的灰白色粗、中粒长石质石英砂岩或含长石岩屑砂岩底面与上覆唐家庄组分界。由此可见，本区原称的山西组（大苗庄组）仅相当清理后的山西组的上部，现称山西组应包括赵各庄组和大苗庄组。

【现在定义】　指平行不整合于奥陶系之上的月门沟群（煤系）上部地层。由陆相砂岩、页岩、煤构成的旋回层（多个）组成，夹层数不等的含 *Lingula* 及双壳类化石的非正常海相层。其下界为同属月门沟群的太原组最上一层石灰岩顶面，其上界为石盒子组最底部灰绿色长石石英砂岩的底面。与下伏、上覆地层均为整合接触。

【层型】　该组正层型剖面在山西省太原市晋祠柳子沟。天津市次层型为宝坻县辛庄子高 8 孔钻孔剖面（117°29′17″，39°45′41″）（河北省煤田地质勘探公司第二地质队、物测地质队，1987）。

上覆地层：**石盒子组**　浅灰色含砾粗砂岩

——————— 整　合 ———————

山西组　　总厚度 196.9 m

52. 煤　0.3 m

51. 深灰色细粉砂岩。富含植物根、茎化石　3.8 m

50. 灰色中粒砂岩　2.6 m

49. 深灰色粉砂岩。局部偶含植物叶片化石　3.2 m

48. 灰色中粒砂岩。具水平层理　0.8 m

47. 深灰色粗粉砂岩。含植物化石碎屑及少量泥质结核　5.6 m

46. 浅绿灰色细—中粒长石砂岩。具水平层理，底部含砾　6.5 m

45. 煤 4，黑色，主要由亮煤及暗煤组成，条痕为深褐色，半亮型煤，玻璃光泽，中部为块状，底部为鳞片状，下部有灰色粘土夹矸　2.6 m

44. 深灰色泥质菱铁岩。富含植物根、茎化石，具水平层理　3.5 m

43. 浅灰色中—细粒燧石质砂岩　0.8 m

42. 煤　0.3 m

41. 上部为深灰色高岭石质粗粉砂岩；下部为深灰色泥岩。含植物叶、茎、根化石，偶含瘤状菱铁质结核　3.5 m

40. 灰色细砂岩，间夹粉砂岩条带，组成水平层理　1.1 m

39. 灰绿色安山质沉凝灰岩　5.6 m

38. 浅灰色泥岩。偶见植物化石　0.9 m

37. 煤。黑灰色，主要为亮煤，暗煤及少量镜煤，油脂光泽，为半亮型煤，条痕为深褐色　1.1 m

36. 深灰色粗粉砂岩。顶部富含植物茎、叶化石　1.8 m

35. 煤 5。由亮煤，少量暗煤及镜煤组成，沥青质光泽，光亮型煤，条痕为深褐色　0.8 m

34. 灰色细粒岩屑砂岩。水平层理，顶部富含植物根、茎化石　2.4 m

33. 深灰色粉砂质泥岩。含植物化石及少量瘤状菱铁矿结核　8.6 m

32. 煤 6。黑灰色，由亮煤、暗煤组成，玻璃光泽，为半亮型煤，条痕为深褐色　0.5 m

31. 浅灰色粗粒粉砂岩　1.7 m

30. 灰色粗粉砂岩。偶含植物根、茎化石及球状菱铁质结核　1.0 m

29. 浅灰色钙质沉凝灰岩　4.6 m

28. 上部为深灰色岩屑砂岩；下部为深灰色粉砂岩。含较多的植物化石及植物碳化体　4.1 m

27. 上部为灰色钙质沉凝灰岩；中部为灰绿色绿泥石质沉凝灰岩；下部为灰绿色安山质沉凝灰岩　12.9 m

26. 黑色含碳质凝灰质泥岩　2.6 m

25. 黑色碳质泥岩，夹亮煤条带　0.5 m

24. 黑色含碳质凝灰质泥岩。顶部含少量植物根、茎化石，底部含植物叶片化石　4.4 m

23. 黑灰色煤，由暗煤组成，光泽暗淡，密度较大，为劣质煤　0.2 m

22. 上部为菱铁矿泥岩；下部为浅灰色强泥化不等粒沉凝灰岩。具水平层理，偶含碳化植物体　0.9 m

21. 煤 8。黑灰色，由亮煤及少量暗煤组成，玻璃光泽，深褐色条痕　0.6 m

20. 浅绿灰色含晶质高岭土泥岩。顶部含少量植物根、茎化石　2.1 m

19. 浅绿灰色沉凝灰岩。具缓波状层理　3.5 m

18. 上部为黑灰色泥岩；下部为浅灰色粉砂质泥岩。含少量植物根部化石　4.0 m

17. 浅灰—灰白色沉凝灰岩。局部见赤铁矿鲕粒，含有植物化石　8.6 m

16. 煤 9。黑色，主要由亮煤，次为暗煤组成，含少量丝炭，为半亮型，沥青光泽　2.1 m

15. 深灰色泥岩　3.7 m

14. 浅灰色凝灰质砂岩。具水平层理	13.1 m
13. 灰色菱铁质泥岩。含植物化石和镜煤条带，具水平层理	10.3 m
12. 煤 12。黑色，由亮煤和镜煤以及少量的暗煤组成，性脆，易碎，细一中条带状结构，玻璃光泽，阶梯状断口，有夹矸	11.7 m
11. 深灰色粉砂质泥岩	1.5 m
10. 浅灰色菱铁质粉砂岩。含有植物化石	2.9 m
9. 黑色碳质泥岩，夹中一细条带状镜煤、亮煤薄层	0.4 m
8. 深灰色泥岩。含植物化石，局部夹细砂岩薄层，微显水平层理，偶见黄铁矿结核，底部含鲕粒	3.9 m
7. 上部为浅灰色细粒长石质石英砂岩，浅灰色中粒混合砂岩；下部为灰色砂质菱铁岩	9.4 m
6. 浅灰、绿灰色凝灰质岩屑砂岩。具水平层理，下部含砾，砾径最大为 60 mm	7.4 m
5. 深灰色粉砂质泥岩。含少量植物化石碎屑	0.7 m
4. 浅灰一灰白色粗粒纯石英岩。具水平层理，局部夹细砂岩薄层，含植物化石	10.7 m
3. 深灰色粉砂质泥岩。具水平层理，顶部含植物化石，底部含植物炭化体	8.6 m
2. 煤 12 下。黑色，主要为亮煤及少量的暗煤及丝炭，为半亮型，玻璃光泽，细条带状结构，块状构造	1.3 m
1. 深灰色泥岩。富含植物碳化体及植物根部化石，局部含泥质及菱铁质结核	1.2 m

——————— 整　合 ———————

下伏地层：**太原组**　灰色石灰岩（K_6），致密、坚硬、质地不纯，含有海相动物化石

【地质特征及区域变化】　山西组是本区最主要的含煤地层，是一套由灰、深灰、黑色泥岩，粉砂质泥岩，碳质泥岩，灰、深灰、灰白、浅灰绿色粉砂岩，中一粗粒砂岩，长石石英砂岩，石英砂岩，浅灰一灰白、浅灰绿色凝灰质砂岩，沉凝灰岩夹煤的以陆相为主夹少量非正常海相层的含煤岩系。厚度为 196.9～289 m。本区北部研究程度最高，以下仓煤田为例，说明本区山西组的地质特征。

蓟县、宝坻一带的山西组厚 142～247 m，一般 178 m，含煤 7～14 层，主要可采煤 7 层，据岩性、岩相特征可分为下、中、上三个部分：

下部：它的底部为煤 12 下，其顶板为 0.5～1.5 m 厚的深灰或黑色泥岩，含双壳类动物化石，向上为灰色、深灰色粉砂岩夹薄层泥岩，含菱铁质结核、黄铁矿散晶及植物化石碎片，平行层理、条带层理、缓波状层理和小型交错层理发育，有时可见生物扰动构造。再上为粗碎屑沉积，灰、灰白色粗粒含砾砂岩，灰绿色凝灰质砂岩，粗粒含砾砂岩主要成分以石英为主，含量约占 90%以上，磨圆度及分选性都很差，具大型板状交错层理，与下伏岩层有时有冲刷现象。凝灰质砂岩中的石英和燧石的含量约占 50%，安山岩岩屑占 40%左右，岩石质地疏松，层理不显著。顶部沉积了一套厚约 8 m 的灰、深灰色粉砂岩，泥岩夹薄层细砂岩，含碳质泥岩和薄煤层，植物根部化石发育，偶见生物潜穴，具波纹小型交错层理。

下部厚 48～88 m，一般 63 m。含煤 3～4 层，其中主要可采煤层 12 下位于底部，属稳定的煤层，厚 0～2.45 m，一般 0.96 m；煤 12 位于顶部，厚 5.72～25.17 m，一般 12.05 m，属稳定型特厚煤层。

中部：主要的特征是沉凝灰岩特别发育，包括三个从沉凝灰岩开始到煤的沉积旋回，自下而上：

(1) 从煤 12 顶板灰色粉砂质泥岩顶面至煤 9 顶。厚 20～68 m，一般 35 m，旋回的中、下部以沉凝灰岩为主，呈浅灰色，有时为绿灰色，主要成分为安山岩岩屑和中长石晶屑，约占

90%，石英和燧石的含量不及10%，钙质胶结，具不明显的交错层理，其间富含炭化的植物化石碎片及茎干化石分布于层面。沉凝灰岩在横向上可相变为浅灰色凝灰质粉砂岩。煤9位于该旋回的上部或顶部，其顶、底板大多为碳质泥岩或粉砂质泥岩，含植物化石。

(2) 从煤9顶板之上至煤8。厚0～30 m，一般15 m左右，下部为灰绿色沉凝灰岩，主要碎屑成分为安山岩岩屑和中长石晶屑，泥质岩屑少量，未见陆源石英颗粒。由于该旋回沉积时古地理环境较为复杂，地形高差相对较大，在地势较高部位，煤8和煤9可能有并合趋势，使本旋回在局部地带有变薄或缺失的现象。

(3) 从煤8顶板之上至煤6顶板黑色泥岩之间，厚9～55 m，一般26 m。下部为灰绿色含砾沉凝灰岩，底部常有一层灰绿色沉火山角砾岩，砾径2～6 mm，大者可达3 cm，分选很差，但磨圆较好，且具定向排列。沉凝灰岩和沉火山角砾岩中富含印红色赤铁矿小颗粒，特别显著，是岩层对比的重要标志。上部为灰、深灰色粉砂岩、粉砂质泥岩，有时具鲕状结构，局部夹碳质泥岩或薄煤层，富含植物化石。本旋回顶部为煤6，其底板为灰褐色铝土质粘土，富含植物根部化石，顶板为灰黑色泥岩或粉砂质泥岩，含双壳类化石。

中部给予煤层编号的有煤9、煤8、煤6。煤9厚0～7.52 m，一般2.74 m，结构复杂，为不稳定基本可采煤层。煤8厚0～3.47 m，极不稳定。煤6层位十分稳定，但多呈煤线或碳质泥岩出现。

上部：自煤5底板细粒砂岩至本组顶界，厚30～70 m，一般45 m，含煤2～6层。底部为一层厚2～5 m的灰色细粒泥质岩屑砂岩，泥质岩屑的含量大于40%，石英和燧石约占50%，为煤5的间接底板，是对比煤5的主要标志。煤4下距煤5在13 m左右，间距稳定，变化不大，其间多为灰、深灰色粉砂岩夹细砂岩组成。煤4至山西组顶界也多为粉砂岩夹细砂岩。

上部给予煤层编号的有煤5、煤4。煤5厚0～2.10 m，一般0.8 m，属不稳定大部可采煤层。煤4厚0～2.02 m，一般0.75 m，也为不稳定大部可采煤层。

本区山西组含丰富的植物化石，下部（煤12顶板）产：*Cordaites* sp.，*Annularia* sp.；中部产：*Calamites cistii*，*Cordaites principalis*，*Annularia* cf. *stellata*，*Stigmaria ficoides*，*Cordaianthus* sp.，? *Gigantospermum* sp.，*Pecopteris polymorpha*，*P. hemitelioides*，*Emplectopteridium alatum*，*Alethopteris norinii*，*Taeniopteris multinervis*，*Neuropteris pseudovata*，*Sagittopteris belemnopterioides* 等；上部（多集中煤4顶底板）产：*Neuropteris pseudovata*，*N. plicata*，*Emplectopteridium alatum*，*Emplectopteris triangularis*，*Pecopteris polymorpha*，*P. orientalis*，*Annularia orientalis*，*A. stellata*，*Sphenophyllum oblongifolium*，*S. thonii*，*Cordaites schenkii*，*Lepidodendron szeianum* 等。此外，在煤6顶板灰黑色泥岩或粉砂质泥岩中采获双壳类化石：*Aviculopecten* sp.，*Dunbarella whitei*，腕足类化石：*Lingula* sp.。

本区山西组早期，岩性在垂向剖面上表现为粒度向上变粗的层序特征，是一个发育较完整的海退三角洲沉积体系，分别代表了前三角洲、三角洲前缘、三角洲分流河道及三角洲泛滥平原沉积。中晚期主要是内陆河流和沼泽相沉积，局部地区可能受海泛影响，发育有含双壳类及 *Lingula* 的非正常海相沉积。

本区山西组与下伏太原组、上覆石盒子组均为整合接触关系。下界以太原组最上一层灰岩的顶面与本组分界，上部以石盒子组底部一层浅灰、灰白色含砾粗、中粒长石质石英砂岩或含长石岩屑的砂岩底面分界。该砂岩含60%以上的石英及石英岩岩屑，有10%—30%的酸性斜长石及钾长石，10%—20%的黑色泥质岩屑，碎屑物呈次圆状，分选较好，为泥、硅质孔隙式胶结。以其颜色浅、硅质含量高、黑色泥质岩屑呈芝麻点状均匀分布，以及胶结坚硬、赋存较厚等特征，极易与下伏的山西组砂岩相区别。

本区蓟县、宝坻以南的山西组主要为灰、深灰色泥岩、碳质泥岩，灰白色中、细粒砂岩和煤，根据钻孔资料一般可见7～14层煤。在蓟县、宝坻一带山西组平均厚度在180 m左右，向南王庆坨289 m，大港地区195.5～280.5 m，总的趋势是向南增厚。

【其它】 在以往对华北地台的研究中，尚未发现石炭、二叠纪期间存在过大规模的岩浆喷发活动，也没有见到有关沉积火山碎屑岩的记载，近一二十年来在本区及邻区陆续发现了此种岩石类型。本区的沉积火山碎屑岩较为发育，其赋存层位在煤6至煤12之间，可划出三个由喷发到间歇的旋回，厚度可达100 m左右。岩石类型有安山质沉火山角砾岩、安山质岩屑沉凝灰岩、安山质晶屑沉凝灰岩、安山质晶屑（岩屑）—岩屑（晶屑）沉凝灰岩等，以及火山碎屑沉积岩类，如凝灰质砂岩、凝灰质泥岩。沉火山碎屑岩的主要成分为安山质岩屑及中长石晶屑，含量通常高达90%左右，仅含少量陆源或盆地沉积物，火山碎屑物纯净，棱角保存完好，安山质岩屑较新鲜，结构清楚，中长石晶屑绝大多数具明显的环带构造，以岩屑为主，晶屑次之。碎屑物有分选，并夹有富钙的岩石和含炭化植物残体。表明本区沉火山碎屑岩是火山作用同期形成的碎屑与正常沉积物质（陆源的及化学的）混积的产物，而且碎屑堆积于动荡的水环境之中。根据燕山南麓石炭纪、二叠纪含煤地层中沉火山碎屑岩由西向东具有十分明显的厚度变薄、层数减少、粒度变细的变化规律，推测当时的火山喷发中心应在本区的西北部。

煤无疑是山西组的重要矿产，仅以本组的煤12为例，其约占大高庄井田总储量的60%。同时还发现稀散元素中Ga含量最高，尤其是煤9中Ga的最高含量已达34×10^{-6}，平均含量也在20×10^{-6}以上。

石盒子组　$P\hat{sh}$　(12-0027)

【创名及原始定义】 1922年由Norin创名。创名地点在山西省太原市东山陈家峪石盒子沟。原始定义：是指月门沟煤系之上，石千峰系之下的一套黄绿色、紫红色砂页岩系，并分下石盒子系和上石盒子系。“下石盒子系几乎全由灰、绿、黄等色的泥质沉积物和淡色的砂岩所组成；上石盒子系则以巧克力色的沉积物为主要成分。”石盒子系以骆驼脖子杂砂岩为下界，以大羽羊齿带为上界。

【沿革】 自我国《地层规范草案及地层规范草案说明书》(1960)颁布之后，将下、上石盒子系改称为下、上石盒子组，被广大地质工作者所采用。本区所称的下石盒子组（唐家庄组）、上石盒子组（古冶组）是根据邻区对比而来。下、上石盒子组之间以一层具紫红色花斑的浅灰色铝土质泥岩（A层铝土矿）分界。

【现在定义】 指华北地层区上古生界上部，由灰绿、灰白色砂岩，黄绿、杏黄、巧克力、灰紫、暗紫红色粉砂质泥岩、页岩等组成，夹黑色页岩、煤（层）线的近海平原河湖相沉积岩系①。下伏地层为以灰、灰黑色为特征的含煤岩系月门沟群山西组，以出现绿色砂岩为本组底界；上覆地层为以红色为特征的石千峰群，以出现鲜艳红色泥岩划界，均为整合接触。

【层型】 该组新层型剖面在山西省太原市西铭月门沟、骆驼脖子沟—石千峰山，副层型剖面在山西省太原市天龙山天龙寺。天津市次层型及参考剖面为：蓟县毛家庄下40孔钻孔剖面（12-0027-4-1）、武清县大碱厂孟参1井钻孔剖面（12-0027-4-2）、西青区王庆坨新葛4井

① 山西省根据岩性组合划分为5个岩性段：骆驼脖子段，化客头段，天龙寺段，神岩段，平顶山段。

钻孔剖面（12-0027-4-3）、大港区太10井钻孔剖面（12-0027-4-4）。

【地质特征及区域变化】 本区石盒子组为月门沟群之上石千峰群之下的一套灰、深灰、灰黄、浅灰绿、灰白、紫、灰紫等杂色砂页岩系。厚度为450～770 m。在北部地区蓟县、宝坻一带石盒子组作为煤系地层的上覆地层研究得比较详细，根据岩石组合特征可分为下、中、上三个部分，其中的下、中部相当于原称的唐家庄组，上部相当于原称的古冶组。

下部：颜色以灰色为主，一般厚96 m，以灰白、浅灰色中、粗粒长石石英砂岩和灰、浅灰、绿灰色粉砂岩为主，间有粉砂质泥岩。砂岩成分以长石、石英为主，暗色岩屑次之，孔隙式泥质胶结，局部为基底式胶结，夹有钙质结核或薄层。粉砂岩中含较多的植物化石。粉砂质泥岩中常夹具鲕状结构的铝土质泥岩、碳质泥岩或煤线，因其颜色以灰色为主，故煤田地质工作者称其为“灰色段”。

中部：颜色以灰紫、紫灰色为主，厚100 m左右，由粉砂岩、粉砂质泥岩和灰白色中、细砂岩组成。砂岩中的长石多为板粒状肉红色钾长石，这是中部砂岩的主要标志之一，分选、磨圆均较好，孔隙式泥质胶结。粉砂岩岩性不均一，局部细者近于泥岩，含砂多者为粗粉砂岩。见豆状褐铁矿结核。中部的最顶部为一层厚约5～10 m的紫红、浅灰色带紫红色花斑的铝土质泥岩或铝土质粉砂质泥岩，常具鲕状结构（或称A层铝土质粘土岩）。

上部：岩性主要为灰白、紫红色中、粗砂岩，夹灰紫、紫灰、绿灰色粉砂岩、泥岩。砂岩成分复杂，常具大型直线型斜层理，沉积韵律明显。在距上部底界70 m左右发育一层暗紫红色铝铁质泥岩（或称A_0层），具鲕状、豆状结构，较坚硬、性脆，密度大，不显层理。底部为一层灰绿色中、粗粒含砾长石石英砂岩，砾石磨圆度和分选性均很差，其对下伏岩层有时具冲刷现象，界线比较清楚。上部在本区北部地区因遭受不同程度的剥蚀，未见其顶界，钻孔揭露最大厚度为440 m。据武清、王庆坨等地钻孔揭露情况看，石盒子组最上部岩石组合为浅灰、灰色砂岩、含砾砂岩与紫、紫红色泥岩、泥质粉砂岩互层。

中、下部见有少量植物化石：*Lobatannularia sinensis*，*Pecopteris arcuata*，*P. taiyuanensis*，*Taeniopteris* sp.，*Calamites* sp. 等。上部以孢粉为主，其中以种子蕨小孢子为主，也有芦木、古松柏，见有：*Calamospora* sp.，*Leiotriletes* sp.，*Acanthotriletes* sp.，*Converrucosisporites* sp.，*Torispora* sp.；花粉主要为单气囊的苛得狄花粉和古松柏花粉，见有：*Florinites* sp.，*Alisporites* sp.，*Pityosporites* sp.，*Ginkgo cycadophytus*。

本区石盒子组下部以灰色沉积为主，夹碳质泥岩和不稳定的煤层（或煤线），但一般不含可采煤层，在一定程度上继承了山西组的特征，属较潮湿、炎热的内陆沼泽、河湖相。中、上部逐渐出现大量的紫、灰紫、紫红色，反映地形和气候产生了一定的变化，气候变得相对干燥、炎热，植物化石自下而上越来越稀少，不再具备成煤的条件，而成为内陆盆地沉积环境，属河湖相沉积，如上部中粒砂岩常具大型直线型斜层理，为典型的河床相沉积。

石盒子组底部在全区往往都有一层较厚的浅色砂岩，如北部地区宝坻县北潭镇辛庄子高8孔为一层11 m厚的浅灰色中粒砂岩，中部地区武清县大碱厂乡杨凤庄孟参1井为一层11 m厚的灰白色含砾砂岩，南部地区大港区沙井子太10井为一层8 m厚的绿灰色含砾砂岩，它们与下伏山西组顶部的灰、深灰、灰黑色泥岩、碳质泥岩、砂岩等较易区分，当前本区石盒子组与山西组的界线就划在上述砂岩的底面。石盒子组与上覆石千峰群的界线不易划分，本区石盒子组最上部一般为浅灰、灰色的砂岩、含砾砂岩与紫、紫红色泥岩、泥质粉砂岩互层，进入石千峰群之后则很少出现浅色的夹层，基于钻孔资料的局限性，我们只好以大套的紫红、棕红色层出现，以其最下面的一层砂岩底面与石盒子组分界。

本区的石盒子组岩性岩相变化均不大，总体是可以与山西典型地区相对比，除在局部凹陷地区可见与石千峰群接触外，大部分地区其上部遭受不同程度的剥蚀，钻孔多数都揭露不全，北部地区直接为第四系掩盖，南部地区被中、新生代地层不整合覆盖。石盒子组的下部在全区都比较稳定，岩性组合，沉积环境均相似，厚度也变化不大，一般在80～90 m左右，只是南部地区沉积物颗粒略粗一些，以灰白、灰色砂砾岩、砂岩为主，夹灰绿、灰色泥岩，灰黑色碳质泥岩和煤。而中部和上部的划分就显得不十分清楚，这是因为本区中、上部是以一层紫红色铝土质泥岩或铝土质粉砂质泥岩，也即所谓的A层铝土质泥岩为划分标志的，其在北部蓟县、宝坻普遍发育，特征明显，在其它地区，当A层铝土质泥岩不发育或受钻孔资料的局限时，就很难确定中、上部的界线。

【其它】　本次明确了石盒子组的原始定义和现在定义，统一了划分标准，因此本区不再采用上、下石盒子组以及唐家庄组、古冶组地方性地层名称。

石千峰群　PTŜ　（12-0028）

【创名及原始定义】　1922年由Norin创名，原称石千峰系。创名地点在山西省太原市西山石千峰山一带。原始定义："石盒子系以上的巧克力、暗红色砂岩、泥灰岩层。包括（1）银杏植物带，（2）石膏泥灰岩带，（3）砂岩带三部分。"1924年，Norin将银杏带下移归入上石盒子系。

【沿革】　Norin创立石千峰系之后，由于未指出其上界，致使一些地质学家将石千峰系推广引用至山西其它地区时，将石盒子系之上的所有红色砂、页（泥）岩层均称为石千峰系，直到1959年中国科学院山西地层队进行专题研究，确立了二马营统之后，才确定了石千峰系的上界。石千峰系也因之而改称石千峰统，刘鸿允等将石千峰统分为孙家沟组、刘家沟组和和尚沟组。1960年《地层规范草案及地层规范草案说明书》颁布后，石千峰统改称石千峰组，时代归属于晚二叠世晚期。1975年华北二叠系专题会议根据有关资料，将刘家沟组、和尚沟组划归早三叠世，孙家沟组的时代为晚二叠世晚期，把石千峰组的含义厘定为仅代表晚二叠世晚期的孙家沟组。

1984年天津市地调所（原天津市地调队）将本区上石盒子组之上，下三叠统之下岩性为暗紫色砂岩、粉砂岩、泥岩互层夹灰岩，偶见零星石膏层，未见化石常称之为哑层的一段地层称之为石千峰组，并与孙家沟组对比，上覆的下三叠统与刘家沟组和和尚沟组相当。

本次对比研究，将原称的石千峰组及其上覆的下三叠统合称之为石千峰群。

【现在定义】　指华北地层区石盒子组之上，以鲜艳红色为特征，由红色泥岩和红色长石砂岩组成的一套内陆干旱盆地河湖相沉积岩系，自下而上包括孙家沟组、刘家沟组、和尚沟组。与下伏地层石盒子组为连续沉积，与上覆地层二马营组不整合接触。

【层型】　正层型剖面在山西省太原市西山西铭矿区骆驼脖子山—石千峰山。天津市次层型剖面为西青区王庆坨新葛4井钻孔剖面（12-0028-4-1）。

【地质特征】　本区的石千峰群为一套紫红色的沉积岩系，主要是暗紫红、紫红、棕红色的含砾砂岩、砂岩、泥质粉砂岩和泥岩、粉砂质泥岩互层，夹少量的杂色砾岩、灰白色砂岩、灰色泥岩，常出现零星的石膏。砂岩一般为厚层状的细砂岩、粉砂岩，主要成分为长石，其次为石英和泥质岩屑，并含中、基性岩浆岩、火山岩和变质岩岩屑。泥岩主要为紫红色，性脆，略具层理，多夹砂岩条带。该套岩石组合反映当时气候极为干旱，是典型的干燥内陆碎屑岩沉积。区内揭露的石千峰群厚度为173.5 m。钻孔中以大套的紫红色砂泥岩，最下部的一层砂岩的底面与下伏红、灰相间的石盒子组分界。上部与中、新生代的不同岩石地层单位呈不整合接触关系。

石千峰群在本区只有在个别地区被钻遇，由于资料有限，研究程度低，没有划分次级岩石地层单位，而统称石千峰群。本区的石千峰群与山西标准地区对比可能存在一定的问题，有待今后进一步工作。

据有关资料，本区的邻区如任丘、大城、涧河、羊二庄、徐杨桥、吴桥、临清等地中、下三叠统有广泛的分布。初显志① 认为黄骅坳陷的石千峰组岩性稳定，特征明显，可分为三个岩性段。

【其它】 石千峰组升格为石千峰群，按岩石地层命名原则，石千峰组一名应停止使用。

第二节　古生物特征及地层时代归属的讨论

本区的石炭、二叠及三叠系为连续沉积，石炭系三分，但缺失下石炭统，中统直接平行不整合于中奥陶统灰岩之上，二叠系分上、下二统，三叠系目前只被证实有下统存在。石炭纪—三叠纪地层除蓟县、宝坻一带煤田地质作过相对较系统的生物地层研究之外，其它地区只有零星的古生物资料，缺少年代地层划分依据。

(1) 本溪组：没有直接的古生物证据，根据其上覆太原组的时代推定它的时代属中石炭世较早期。

(2) 太原组：普遍发育6层灰岩，富含珊瑚、双壳类、䗴及腕足类化石，其中䗴类研究程度相对较高，尤其是大高庄井田灰岩中所富含的䗴类作了比较系统的采集和鉴定。K_1—K_4所产䗴类为我国南、北方中石炭统上部䗴类动物群的典型分子，可划分为两个䗴带，即K_1、K_2为 *Fusulinella* 带；K_3、K_4为 *Beedeina-Fusulina* 带。K_6所产䗴类面貌可与我国南、北方上石炭统对比。我国的上石炭统划分为两个䗴带，下部为 *Triticites* 带，上部为 *Pseudoschwagerina* 带，虽然本区没有出现 *Pseudoschwagerina*，但有这两个化石带共有的共生分子，如 *Triticites*，*Quasifusulina*，*Rugosofusulina* 等。据此，K_6时代应属晚石炭世。推断本区的太原组时代属中石炭世晚期至晚石炭世。

(3) 山西组：含有丰富的古植物化石，其内容已属李星学（1965）中期华夏植物群A期 *Emplectopteris triangularis-Emplectopteridium alatum* Assemblage，具备这一时期植物组合的重要分子：*Sphenophyllum thonii*，*Emplectopteris triangularis*，*Emplectopteridium alatum*，*Taeniopteris multinervis* 等。具地方色彩的是早期华夏植物群重要分子 *Neuropteris pseudovata*，*Lepidodendron szeianum* 仍很繁盛，大量地被发现。时代应归于早二叠世早期。

(4) 石盒子组：只见有少量植物化石，且均集中在中、下部，有 *Lobatannularia sinensis*，*Pecopteris arcuata*，*P. taiyuanensis*，*Taeniopteris* sp.，*Calamites* sp. 等，虽然属种和数量较少但仍可看出早二叠世晚期植物群的特征。推断石盒子组的时代为早二叠世晚期至晚二叠世早期。

(5) 石千峰群：本区石千峰群化石稀少，仅见到一些孢粉，具有二叠纪、三叠纪混生现象，缺乏确切的时代证据，根据区域资料，其时代置于晚二叠世晚期至早三叠世。

---

① 初显志，1980，黄骅坳陷红层划分初步意见，大港油田地质研究所（未刊）。

第五章
侏罗纪—白垩纪

本区侏罗纪—白垩纪地层为一套复杂的陆相火山-沉积岩系。全部被第三纪或第四纪地层所覆盖，研究程度低，原未按岩石地层单位划分原则进行划分。本次工作根据华北大区侏罗纪—白垩纪岩石地层单位划分方案，利用现有的钻井资料，按岩性岩类组合特征的明显差异划分为7个岩石地层单位：下花园组、九龙山组、髫髻山组、土城子组、义县组、九佛堂组和南天门组。它们堆积在本区中、小型凹陷或断陷盆地内(图5-1)，以一定的序列有规律的产出。本区侏罗纪—白垩纪盆地发育特点表现为多世代，单一世代盆地发育历史短暂，消亡后下一世代盆地则在别的构造部位或其它基底上形成另一个新生性断陷盆地，按受新的堆积。所以造成堆积序列发育不完整，明显缺失相当于南大岭组和张家口组这两大套火山岩。

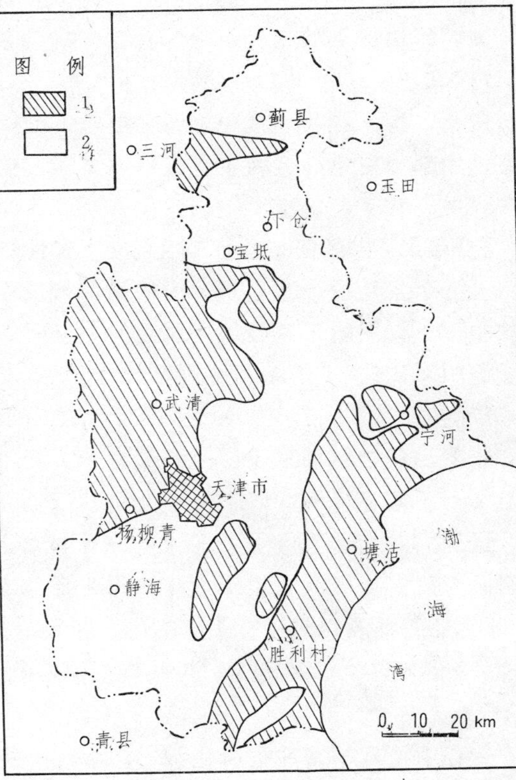

图5-1 天津市侏罗纪—白垩纪地层分布图

1. 侏罗纪—白垩纪地层；2. 其它时代地层和岩石

最下部为下花园组和九龙山组，二者空间分布一致，应属同一世代盆地的堆积产物。盆地基底为二叠纪—三叠纪地层，缺失成盆早期活动较强阶段杏石口组和南大岭组堆积。下花园组为一套河湖-沼泽相含煤岩系，其上的九龙山组为棕红、紫红夹灰黄、灰白色的氧化环境下以河流相为主的碎屑沉积。九龙山组与上覆地层为不整合或平行不整合。目前该世代盆地在本区的范围、分布还不十分清楚。

髫髻山组和土城子组为另一套岩石地层组合，表现为新生性盆地，在新的构造部位断陷堆积，盆地基底为中—晚元古代地层，盆地延伸方向为东西向。髫髻山组总体岩石特征为紫红色安山岩、辉石安山岩、玄武安山岩夹凝灰岩、泥岩、角砾岩。土城子组则以紫红色砾岩、砂砾岩、棕红色泥岩、砂岩覆于髫髻山组之上。土城子组顶面直接为第四系不整合覆盖。

义县组与九佛堂组伴生，沉积盆地明显受NNE向断裂控制。该世代盆地缺失早期张家口组酸性火山岩，义县组中基性火山岩直接覆于二叠纪—三叠纪地层之上。义县组在不同盆地内其岩性组合有一定变化，可由单一的熔岩变为以沉积岩为主夹火山岩。义县组之上的九佛堂组在本区为一套以湖相为主的沉积岩组合，岩性为灰、灰绿、紫红色泥岩夹砂岩、泥灰岩、油页岩，含“热河动物群”介形虫组合。九佛堂组被第三纪不同岩石地层单位所覆盖。

本区侏罗纪—白垩纪最上部的一个岩石地层单位是南天门组，其分布局限，呈小型断陷盆地堆积，盆地呈NNE向展布，两侧均为断裂所控制。岩石组合为紫红、杂色砾岩、细—粗粒砂岩。与辽西孙家湾组、冀北南天门组特征一致。

第一节　岩石地层单位

下花园组　J*x*　(12－0029)

【创名及原始定义】　1950年田本裕、杨志甲创名，创名地点在河北省张家口市下花园。原始定义：指下花园一带的煤系地层，下部以黑色页岩为主，夹薄层砂岩、砂质页岩及可采煤层；中部以白色砂岩为主，夹砂质页岩、页岩及可采煤层；上部为红色及灰色页岩，其中不含煤层。称下花园统。

【沿革】　本区依据生物组合特征、岩性、电性组合特征和接触关系，将侏罗系划分为下、中、上三个岩性段，下部岩性段的涵义与现称下花园组相当，并与河北山海关、张家口、承德的中—下侏罗统下花园组，北京的中—下侏罗统窑坡组和山东潍坊、泰安的中—下侏罗统坊子组相对比。

【现在定义】　指南大岭组之上，九龙山组之下的一套含煤地层，下部为黑、黑绿色页岩、粉砂岩夹泥灰岩和可采煤层；上部为灰—灰白色砂岩、粉砂岩及页岩。与南大岭组、九龙山组为平行不整合接触。

【层型】　新层型剖面在河北省张家口市下花园区定方水乡贾家庄—崔家庄。天津市次层型剖面为武清县杨凤庄孟参1井钻孔剖面（12－0029－4－1）。

【地质特征及区域变化】　本区下花园组为一套以灰绿、灰褐、浅灰、灰色泥岩为主，夹灰白、灰色砂岩，含砾砂岩，煤和碳质泥岩的河湖-沼泽相含煤岩系。孟参1井揭露的厚度为343.5 m。

钻孔中见有丰富的孢粉化石，除孟参1井外，在本区西部廊坊市葛渔城钻孔的暗色泥岩中见有：裸子植物孢粉（17.6%～88.5%），其中*Ginkgo*含量最高（12%～27.1%），其次为*Podocarpites*（1.4%～14.1%），*Cedripites*，*Pityosporites*，*Cycas*和原始松柏类也占一定数量；蕨类化石以*Osmundacidites*含量最高（4.9%～40.9%），其次为*Coniopteris*（1.9%～26.2%）和*Gleichenia*（1.8%～29.6%），*Leiotriletes*，*Granulatisporites*和*Cyathidites*也占一定数量①。在塘沽以北的涧河一带主要孢粉化石是：孢子占30%～69.5%，以桫椤科的*Coniopteris*和*Cy-*

① 华北油田，1981，武清凹陷勘探总结。

athidites 含量最高（13.2%～36.4%），*Leiotriletes* 含量也较高，*Lophotriletes* 也有一定数量；裸子植物花粉占 30.5%～70%，其中 *Cycas* 为 3%～17.3%，*Ginkgo* 占 20%～40%，并见较多的 *Classopollis*，*Bennettiteaepollenites* 和 *Parcisporites*（2.9%）①。

因本区尚未发现杏石口组和南大岭组沉积，所以下花园组直接与盆地的基底石千峰群接触，下花园组底部为一套灰白、绿灰色的含砾砂岩、砂岩，与石千峰群棕红色的砂泥岩极易区分，界线划在下花园组最底部的一层灰白色含砾砂岩的底面，为不整合接触关系。与上覆九龙山组最底部的浅灰、灰白色砂岩和下花园组浅灰色泥岩、黑灰色碳质泥岩分界。

下花园组在本区钻井揭露的不多，仅据少数钻孔资料，对它的分布规律尚不十分清楚，煤层的厚度和层数变化较大，横向分布不稳定，西部葛渔城有 15 层，武清县大碱厂有 14 层，武清县聂庄子（河参 3 孔）仅有 7 层，且厚度也较薄，总的趋势是向东南煤层层数减少，厚度变薄，接近沉积盆地的边缘。

九龙山组　*Jj*　(12－0030)

【创名及原始定义】　叶良辅等（1920）创名，原称“九龙山系”。创名地点在北京市门头沟区九龙山。原始定义：所谓九龙山系者，整合于门头沟煤系之上，由紫绿色之砂岩、页岩与砾岩交互成层，而其中不夹煤层者也。

【沿革】　在 80 年代之前，九龙山组在本区未做划分，该套地层被归属于侏罗及白垩系。后来，天津市地矿局（1981、1992）称之为中侏罗统或侏罗系中部岩性段，其范畴及层位与现称的九龙山组相当。

【现在定义】　指一套灰紫和灰绿色陆相火山碎屑沉积岩。岩石类型包括不同粒级的砾岩、砂岩、粉砂岩及粘土岩，以及含有大量火山碎屑物质的凝灰质砾岩、凝灰质砂岩和凝灰质粉砂岩。与下伏龙门组灰黑色复成分砾岩、岩屑砂岩为平行不整合接触，与上覆髫髻山组中性粗安质火山岩为不整合或平行不整合接触。

【层型】　正层型剖面在北京市门头沟区乐家坡南山剖面。天津市次层型剖面为武清县杨凤庄孟参 1 井钻孔剖面（12－0030－4－1）。

【地质特征】　本区九龙山组主要分布在武清一带，厚度为 507～647.5 m。为一套棕红、紫红、浅灰、灰黄色泥岩与棕红、灰黄、灰、灰白色砂岩、含砾砂岩呈略等厚互层的河湖相沉积。火山碎屑岩不发育。与下伏下花园组为平行不整合接触关系，上部遭受剥蚀，与第三纪地层呈不整合接触关系。由于揭露下花园组的钻孔少，在本区的分布及变化规律还不清楚。根据其岩性组合及其层位，大体上可以和北京、河北所称的九龙山组对比。

髫髻山组　*Jt*　(12－0031)

【创名及原始定义】　1920 年叶良辅等创名，原称“髫髻山层”。创名地点位于北京市门头沟区刘公沟。原始定义：“较九龙山系尤新，由页岩、砾岩与喷出岩所组成。其最下部夹有扁豆状之无烟煤。砾岩中卵石圆形者多，大小不一，其质为石英岩、石英与红绿色之斑岩等，尤以斑岩为多。粘质中有硅质与土质，尤以斑岩状物为多。总厚度在 1500 m 左右。”

【沿革】　天津市地质处第三地质队（1979）称该套地层为第三系（R），天津市地调所（1990）称为上第三系（N）。本次对比研究将发育在本区北部小型断陷盆地内的以中、基性火山喷出岩为主，夹有火山-沉积碎屑岩的一套岩石地层与髫髻山组相对比。

【现在定义】　指一套以中性粗安质熔岩、角砾凝灰岩等火山喷出岩为主，夹有凝灰质砂

① 大港石油管理局石油地质勘探开发研究院，1982，黄骅坳陷北塘地区区域地质特征。

岩、凝灰质砾岩等的火山岩地层。与下伏九龙山组火山碎屑沉积岩为不整合或平行不整合接触，而与上覆土城子组则为整合或平行不整合接触。

【层型】 该组层型剖面在北京市门头沟区田庄乡田庄村东南。天津市次层型及参考剖面为：蓟县前屯J_6孔钻孔剖面（12－0031－4－1）、蓟县顾家庄5020孔钻孔剖面（12－0031－4－2）、蓟县小潘庄5021孔钻孔剖面（12－0031－4－3）、蓟县廿里铺6052孔钻孔剖面（12－0031－4－4）、蓟县邦均镇6057孔钻孔剖面（12－0031－4－5）。

【地质特征及区域变化】 本区髫髻山组以溢流相中基性熔岩、凝灰岩为主夹沉积岩的一套火山沉积岩系，主要岩石类型有紫灰、紫红、紫棕、深灰、灰褐、棕灰、灰色的安山岩，辉石安山岩，玄武安山岩，玄武岩，凝灰岩和紫红、紫棕、棕红色泥岩，细砂岩以及安山质角砾岩。钻孔揭露厚度为46.8～413.8 m。与上覆土城子组为平行不整合接触，与下伏中—晚元古代地层为不整合接触。

本区髫髻山组仅分布在北部邦均至溵溜山前倾斜平原下伏的断陷盆地内，被钻孔所揭露。在本区分布范围东西长约20 km，南北宽2～7 km，呈EW走向。岩石组合可分为三种类型：①几乎全由熔岩组成，岩石类型为安山岩、玄武岩，夹少量的凝灰岩；②熔岩夹沉积岩，熔岩为安山岩、辉石安山岩、玄武安山岩、玄武岩，夹紫红、棕红、猪肝色的泥岩；③安山质凝灰岩与沉积岩互层。一般规律是盆地中心剖面结构以前两种类型为主，盆地边缘熔岩仅作为夹层出现，以中性凝灰岩和正常沉积岩互层为主。沉积盆地的基底为中—上元古界，髫髻山组被土城子组平行不整合覆盖，因地壳抬升，遭受侵蚀，其上部有时揭露不全，为第四系所覆。

土城子组 *Jtc* （12－0032）

【创名及原始定义】 1942年林朝棨创名，称土城子砾岩层。创名地点在辽宁省北票土城子附近。原始定义：发育于北票地区位于蒙古营子页岩层之上，孙家梁火山层之下的一套砾岩层。厚约800 m。

【沿革】 土城子组与髫髻山组一样，本区已往未作划分，与下伏髫髻山组一起称为第三系（R）或上第三系（N）。本次工作将覆于髫髻山组之上的这套紫红色砂岩、砂砾岩归属土城子组。

【现在定义】 指分布于辽西、冀北地区平行不整合（或整合）于髫髻山组之上，由紫红色粉砂质页岩夹砂岩、粉砂岩，灰紫色或黄褐色复成分砾岩夹砂岩和灰绿色砂岩，沸石岩、凝灰岩偶夹紫红色砾岩组成的一套沉积序列。局部产动物和植物化石。其上被义县组（或张家口组）不整合覆盖。

【层型】 选层型剖面在辽宁省朝阳市长宝营子乡项家杖子。天津市次层型及参考剖面为：蓟县前屯J_6孔钻孔剖面（12－0032－4－1）、蓟县小潘庄5021孔钻孔剖面（12－0032－4－2）。

【地质特征及区域变化】 本区土城子组岩性单调，全部岩层以河流相红色砾岩、砂砾岩为主，火山岩不发育。主要岩石类型为紫红色砾岩、砂砾岩，棕红、紫灰色泥岩以及含砾粉砂岩、粉砂岩、中砂岩等。动植物化石贫乏。钻孔揭露厚度为140～332.4 m。平行不整合于髫髻山组之上，一般以紫红色砾岩、角砾岩与下伏髫髻山组火山岩分界，上部遭侵蚀，或被第四系直接覆盖。

土城子组的分布同髫髻山组，仅见于北部邦均至溵溜一带，被钻孔所揭露。从钻探结果分析，盆地中心部位泥岩夹层较多，沉积物相对较细，砾岩多集中于下部，泥岩多集中于上部。盆地边缘沉积物颗粒相对较粗，很少见到粘土岩夹层，砾岩多集中于下部，上部则以各种粒级砂岩为主。

义县组　K*y*　（12－0033）

【创名及原始定义】 1940年室井渡创名，称义县火山岩类，创名地点在辽宁省义县附近。原始定义：发育于义县附近，由赤褐色、褐色、暗灰色角闪安山岩、辉石安山岩及集块岩、角砾岩、凝灰岩组成。以前者为主。厚度大于2 000 m。不整合在花岗岩之上；其上覆地层为金刚山层；二者整合接触。时代中晚侏罗世。

【沿革】 在此之前该组在本区未作划分，一般情况下被归属于侏罗系或白垩系。1980年大港油田地质研究所将其置于港西组的下部。1992年天津地矿局称为下白垩统的下部地层。

【现在定义】 指发育于辽西（北）和冀北等地区不整合于土城子组（或整合于沙河子组）及其它较老地层之上的以中、基性火山岩，火山碎屑岩为主，局部夹中酸性—酸性和碱性火山岩、火山碎屑岩及沉积岩，底部常具有厚度不大的砾岩、砂岩的一套岩石组合。含热河动物群化石。其上被九佛堂组（或沙海组）平行不整合覆盖。

【层型】 正层型剖面在辽宁省义县头道沟子乡马神庙—宋八户。天津市次层型及参考剖面为：大港区沙井子港3井钻孔剖面（12－0033－4－1）、大港区太10井钻孔剖面（12－0033－4－2）、东丽区军粮城塘23井钻孔剖面（12－0033－4－3）。

【地质特征及区域变化】 本区义县组为一套以中、基性火山岩为主的火山-沉积岩系，岩石组合主要为墨绿、紫红色玄武岩、安山岩，夹浅灰色凝灰岩、凝灰质砂岩，灰白、灰、深灰、黑、褐灰、绿灰、紫红、棕红色的泥岩及白垩土。钻孔揭露厚度为27～292 m。与下伏石盒子组、太原组、马家沟组等呈不整合接触关系，与上覆九佛堂组呈平行不整合接触关系。本区均以中、基性火山岩的底、顶面作为划分标志。

本区义县组分布较广，见于武清东北、塘沽、大港等地。厚度变化较大，武清东北厚200 m左右，大港沙井子一带225.5～292 m，而东丽区军粮城仅27 m。按岩石组合，本区的义县组可分为三种类型：①单一的溢流相熔岩，岩性单调，不夹其它岩类，发育在军粮城一带，此种类型厚度较薄；②以熔岩为主组成的火山-沉积岩系，有多次的火山喷发旋回，此种类型以大港沙井子一带为代表；③以沉积岩为主，夹凝灰岩及少量的熔岩夹层，说明火山活动较弱，远离喷发中心，其主要分布于武清东北。总观全区，火山岩东南部比西北部发育，岩石组合特征比较典型。

九佛堂组　K*j*　（12－0034）

【创名及原始定义】 1934年远藤隆次创名，称九佛堂统，创名地点在辽宁省喀左县九佛堂附近。原始定义：指喀左九佛堂附近由极厚的绿色凝灰质页岩、砂岩组成。分6层：a. 上部砾岩层；b. 上部绿色页岩层；c. 上部含油页岩层；d. 下部绿色页岩层；e. 下部含油页岩层；f. 基底页岩层。下盘：玄武岩床。含：*Lycoptera jeholensis*，*Estheria middendorfi*。时代白垩纪。

【沿革】 在本区与之相当的这套岩石组合大多数情况下没有被划分出来，笼统称作侏罗及白垩系或侏罗系，即使有少数单位划出了相当的层位，但未赋予岩石地层单位名称，如大港石油地质研究所（1980），把该套岩石组合与其下伏的一套中、基性火山岩（现称义县组）合称为港西组，天津市地矿局（1992）以下白垩统中部地层称之。

【现在定义】 指发育于辽西朝阳、喀左、建昌等地区平行不整合于义县组之上，以灰色、绿灰色为主，间夹灰黄、灰白、灰黑等色，偶见紫色，以钙质粉砂质页岩、页岩、粉砂岩为主，夹油页岩、泥灰岩、砂岩和砾岩等一套以湖相沉积为主的沉积岩组合。其上被冰沟组整合覆盖。含热河动物群化石。

【层型】 该组正层型剖面在辽宁省喀左县九佛堂村。天津市次层型及参考剖面为：大港区沙井子港3井钻孔剖面（12-0034-4-1）、大港区太10井钻孔剖面（12-0034-4-2）、东丽区军粮城塘23井钻孔剖面（12-0034-4-3）。

【地质特征及区域变化】 本区九佛堂组为一套以湖相为主的沉积岩组合，主要岩性为灰、灰绿、暗棕红、紫、紫红色泥岩夹薄层浅灰、灰白色砂岩及少量的灰白色泥灰岩、黑色油页岩，偶夹白垩土。钻孔揭露最大厚度可达614.5 m。含较丰富的介形虫和孢粉化石。

介形虫主要见于武清和大港地区，前者有：*Metacypris* sp.，*Cypridea* sp.，*Ziziphocypris* sp.，*Lycopterocypris* sp.，*Darwinula* sp.，*Timiriasevia* sp.；后者有：*Cypridea* sp.，*C. unicostata*，*Darwinula* sp.，*Lycopterocypris* sp.。在大港和塘沽西部孢粉组合为*Classopollis*，*Cicatricosisporites*，*Schizaeoisporites*，*Pityosporites*，*Cycadopites*，*Psophosphaera* 等。特点是裸子植物占优势，为53.1%～80.1%，蕨类孢子占17.6%～42.7%，被子植物仅占1.9%～4.6%。裸子植物中*Classopollis*居优势（6%～44.8%，个别高达52.1%），其次为*Pityosporites*（3.7%～10.3%），*Cycadopites*（0.4%～11.0%），*Psophosphaera*（0.4%～3.8%），*Quadraeculina*（0.5%～3.7%），*Podocarpidites*（1.5%～4.6%），*Protoconiferus*（0～4.2%）。蕨类孢子以海金沙科为主，其中以*Cicatricosisporites*居优势（7.3%～28.2%，个别高达34.1%），其次为*Schizaeoisporites*（0.7%～3.9%），海金沙孢属（0～1.4%），*Cyathidites*（0.5%～1.2%），拟套环孢属（0～0.9%），而*Concavissimisporites*少量。在武清县杨村一带含孢粉*Cedripites*（6.6%～34.2%），*Piceaepollenites*（17.1%～21.3%），*Classopollis*（14.5%～18%），*Podocarpidites*（1.6%～7.7%），*Cycas*（0～3.3%），*Ginkgo*（0～1.6%），*Cicatricosisporites*（1.3%～26.2%），*Schizaeoisporites*（0～1.6%），*Osmundacidites*（0～1.6%）。孢粉中裸子植物占73.8%～96.1%，蕨类孢子占3.9%～26.2%。

本区九佛堂组其上部遭受剥蚀，与孔店组、沙河街组、馆陶组等呈不整合接触。

九佛堂组的分布同义县组，见于武清东北、塘沽、大港等地。岩性、岩相基本相同，本区西北部武清县杨村一带九佛堂组上部为灰、深灰、紫红色泥岩夹油页岩、页岩，中、下部为灰、深灰、紫红、灰绿色泥岩夹黑色页岩，偶见薄煤层，含砾砂岩、砂砾岩和砾岩，中部尚见褐灰色凝灰岩，基本未见白垩土和泥灰岩沉积。东南部塘沽至大港一带为灰绿、绿灰、灰、紫红、棕红色泥岩，夹薄层浅灰、灰白色砂岩、含砾砂岩、砂砾岩，普遍夹白垩土及泥灰岩，军粮城以东泥灰岩可多达8层，向南至大港地区减少到1层。

南天门组　K*n*　（12-0035）

【创名及原始定义】 1924年G. B. Barbour（巴尔博）创名，原称南天门砾岩。创名地点在河北省张家口万全地区。原始定义：指分布于张家口、万全一带，超覆于斑岩体之上，为红色和白色的、具交错层理的砂岩及砾岩，其底部夹有数层紫灰色的火山灰，总厚度达600英尺，称南天门砾岩。

【沿革】 Barbour原称的南天门砾岩的范畴除红色砂、砾岩外，还包括其下面的含煤层及含煤层之下的火山岩系。河北省地矿局（1989）根据有关地层规范，沿用南天门群一名，将其含义修改为仅指青石砬组含煤层之上的红色砂砾岩。本区与之相当的这套岩石地层单位，天津市地矿局第一地质勘探大队（1987）称为中生界，天津市地矿局（1992）把它归属下白垩统上部。

【现在定义】 指覆盖于青石砬组煤系及更老地层之上的一套砖红色、黄褐及灰白色砾岩、砂砾岩夹砂岩，局部夹粘土岩，在张家口、万全一带其上被汉诺坝玄武岩所覆盖。

【层型】 选层型剖面在河北省万全县黄家堡东北 3 000 m。天津市次层型剖面为西青区大寺 WR9 孔钻孔剖面（12-0035-4-1）。

【地质特征】 根据钻孔资料，本区南天门组主要分布在白塘口—大寺一带，为一套红色的河流相砾岩、砂岩、页岩组成的韵律沉积。岩石组合主要为紫红、杂色砾岩，暗红、紫红、灰绿、灰黑、灰色页岩和紫红、肉红、灰白色的细砂岩，中—粗粒砂岩。钻孔揭露的最大厚度为 636 m。

本区南天门组含有丰富的孢粉化石，其中蕨类孢子占 48%～60%，裸子植物花粉为 40%～51%，海金沙科占 28%～30%。蕨类孢子中较常见的是 *Impordicispora* 和 *Concavissimisporites*，而 *Cicatricosisporites* 的数量和类型均不多，在本套地层的底部 *Schizaeoisporites* 较常见，裸子植物花粉以 *Pityosporites*、杉粉和 *Ephedra* 较常见。

钻孔剖面在垂向上由河床—边滩或堤岸沉积物组成的韵律特征明显，河床亚相的岩石组合为巨厚层的砾岩，边滩亚相为中—粗粒砂岩、细砂岩，堤岸亚相为页岩、泥岩。本区的南天门组中、下部以边滩亚相和堤岸亚相为主，上部约 117 m 左右，以河床亚相为主。

南天门组在本区与下伏雾迷山组、上覆馆陶组均呈不整合接触关系。

第二节　古生物特征及地层时代归属的讨论

本区侏罗纪—白垩纪岩石地层单位除下花园组、九佛堂组、南天门组有单调的孢粉化石，九佛堂组有介形虫化石之外，其它组均缺乏生物化石证据，火山岩亦无同位素年龄资料。因此只能利用这些有限的资料并借助于邻区资料粗略地讨论有关的岩石地层单位的时代属性，以供参考。

（1）下花园组：本区之内的孟参 1 井孢粉组合经华北石油地质局地质研究大队实验室鉴定（1985）以裸子植物花粉（41%～62%）及蕨类植物孢子（38%～59%）为主，未见被子植物花粉。裸子植物花粉主要是 *Cycadopites*，*Classopollis*，蕨类植物孢子主要是 *Triplanosporites*，*Delledospora*，*Cyathidites minor*，*Undulatisporites*。根据孢粉的组合特征，时代定为中侏罗世。又据华北油田（1981）廊坊市葛渔城和大港石油地质勘探开发研究院（1982）涧河一带该组孢粉资料，其孢粉组合特征可以和以 *Coniopteris*，*Cycas*，*Ginkgo*，*Bennettiteaepollenites* 占优势的早—中侏罗世的孢粉组合进行对比。综合考虑邻区资料，本区下花园组的时代按孢粉组合特征暂推定为早—中侏罗世比较合适。

（2）九龙山组：本区缺乏化石证据，河北省九龙山组有丰富的化石，认为其时代为中侏罗世更为合理。

（3）髫髻山组：据河北省地矿局（1989）资料，髫髻山组火山岩 K-Ar 法年龄值除个别样品为 144.5 Ma 外，绝大部分为 151.8～160.5 Ma，按 Kulp（1960）侏罗纪、白垩纪地质年表中侏罗世地质时限为 150～170 Ma，火山岩时代应为中侏罗世，认为髫髻山组的时代为中侏罗世可能性较大。

（4）土城子组：河北省将其置于中侏罗世晚期。

（5）义县组：河北省与义县组相当的大北沟组、花吉营组火山岩取得一系列同位素年龄数据，大北沟组二段 K-Ar 法全岩同位素年龄数据最高值为 147.6 Ma，最低 101.2 Ma，一般为 119.1～122.3 Ma。花吉营组 K－Ar 法全岩同位素年龄数据有 111.9、121.8、123.1 Ma。按国际地质年代学委员会推荐的白垩纪下限年龄值 137±5 Ma，或按我国同位素年龄测试工作者提出的白垩系底界年龄为 135～137 Ma 划分，上述同位素年龄数据均在早白垩世范畴。

（6）九佛堂组：本区九佛堂组含有相对较为丰富的介形虫和孢粉化石。介形虫属种组合主要有：*Cypridea unicostata*，*Cypridea* sp.，*Darwinula* sp.，*Lycopterocypris* sp.，*Timiriasevia* sp.，*Ziziphocypris* sp. 等。这套介形虫组合在我国及东亚地区的含"热河动物群"中广泛分布。据郝诒纯等（1982）研究：燕辽地区含"热河动物群"地层的介形虫组合，是以白垩纪占统治地位的 *Cypridea* 属的代表最为发育，其中有的种属如 *Cypridea unicostata* 和 *Timiriasevia*，*Limnocypridea* 等自早白垩世可上延至中晚白垩世，但这些化石在晚侏罗世地层均未见及。说明燕辽地区含狼鳍鱼岩系中以 *Cypridea* 为主的介形虫组合与上覆白垩纪中晚期的介形虫群关系密切，而与下伏侏罗纪晚期的介形虫面貌区别较大。因此，我国的介形虫工作者长期以来一直认为含"热河动物群"地层的介形虫时代为白垩纪或早白垩世。所以本区九佛堂组时代根据介形虫组合特征归于早白垩世应无问题。另外，大港和塘沽西部以 *Classopollis*－*Cicatricosisporites* 为代表的孢粉组合和武清杨村一带以 *Cedripites*－*Peceaepollenites*－*Classopollis* 为代表的孢粉组合均反映了早白垩世孢粉组合面貌，也说明本区九佛堂组时代属早白垩世。

（7）南天门组：产丰富的孢粉化石，以蕨类孢子（占 48%～60%）和裸子植物花粉（占 40%～51%）为主，未见被子植物花粉，以 *Impordicispora*－*Concavissimisporites*－*Cicatricosisporites* 为代表，反映了早白垩世的组合特征。河北省南天门组产丰富的动植物化石，综合各门类化石组合特征，时代为早白垩世。故本区南天门组时代亦应划属早白垩世。

第六章
第 三 纪

本区第三纪地层分布于宁河-宝坻断裂以南的平原地区，被第四纪地层所覆盖，据钻孔揭露厚度500～7000 m。按岩性、岩相、沉积旋回的组合规律以及古生物群的特征，将本区第三纪地层划分为5个岩石地层单位，自下而上为：孔店组、沙河街组、东营组、馆陶组和明化镇组。

第一节　岩石地层单位

孔店组　E*k*　(12－0036)

【创名及原始定义】　1964年地质部第一石油普查大队创名，1978年由山东省区域地层表编写组介绍，创名地点位于河北省黄骅县孔家店村（孔1井）。原始定义：由棕红、灰色、棕色三套碎屑岩组成。上段为紫红、棕红色泥岩与砂岩、粉砂岩互层；中段以灰色、深灰色泥岩、砂质泥岩为主，次为砂岩、灰岩，局部地区中上部夹煤层和油页岩；下段主要为棕色、棕红色泥岩与砂岩。上与沙河街组平行不整合或整合接触，下与中生界呈不整合接触。总厚度一般为1 500 m左右。

【沿革】　本区孔店组系对比而来，其涵义、范畴及划分标准均与标准地区相同。

【现在定义】　由棕红、灰色、棕色三套碎屑岩组成。上段为紫红、棕红色泥岩与砂岩、粉砂岩互层；中段以灰色、深灰色泥岩、砂质泥岩为主，次为砂岩、灰岩，局部地区中上部夹煤层和油页岩；下段主要为棕色、棕红色泥岩与砂岩。上与沙河街组平行不整合、整合或与新第三纪馆陶组不整合接触，下与中生界不整合接触。

【层型】　正层型剖面在河北省黄骅县孔家店孔1井。天津市次层型剖面为宁河县于家岭于1孔钻孔剖面（12－0036－4－1）。

【地质特征及区域变化】　本区孔店组为一套由棕红、紫红、灰紫色泥岩和浅灰色含砾砂岩组成的河流-湖泊相沉积。沉积厚度大于135 m。与下伏中生界、上覆沙河街组均为不整合接触关系。

孔店组在本区分布局限，主要在北塘凹陷钻遇，除少数钻孔钻穿外，大部分钻孔都在钻遇孔店组后即完钻，因而钻探揭露不全。与黄骅坳陷孔店组沉积特征一致，为分割的断陷小盆地沉积。据大港石油管理局地质勘探开发研究院（1982）资料证实，北塘凹陷孔店组由断裂隆起带分割成东、西两个凹陷，沉积环境有很大不同，西部凹陷湖盆浅，气候干燥，环境闭塞，沉积了深灰、暗紫红色泥岩夹石膏、砂岩和砂砾岩，厚度薄，揭露厚度135 m。东部凹陷湖盆略为开阔，水体较深，属湖盆泥沉积，见到大量的暗色泥岩，厚度较大，达212.1 m。两凹陷之间为紫红色泥岩夹灰绿色泥岩和砂岩沉积。

沙河街组　Eŝ　(12－0037)

【创名及原始定义】　1960年石油部华北石油勘探处创名，1978年山东省区域地层表编写组介绍，创名地点位于山东省商河县沙河街（任家村华7井）。原始定义：东营组之下一套棕红色、灰绿色、灰色砂岩、泥岩组合。第一段以棕红色砂岩为主；第二段灰绿色夹棕红色砂、泥岩；第三段以灰色、灰黑色泥岩为主。上两段斜层理发育。第三段具水平层理，富含生物化石。第四段以灰色泥岩为主夹油页岩和石膏矿层。

【沿革】　本区沙河街组系与邻区对比而来，其涵义、范畴以及内部划分均同标准地区。

【现在定义】　整合或平行不整合于孔店组之上，整合于东营组之下一套以灰色泥岩为主，次为粉砂岩、细砂岩、油页岩、碳酸盐岩沉积。分四段：四段以含油页岩和含石膏的灰色泥岩为主夹粉砂岩、砂砾岩；三段为灰色泥岩夹砂岩，含石油；二段为紫红、灰绿色泥岩夹砂岩、砂砾岩，含石油；一段为灰色、灰绿色泥岩夹油页岩。时代属始新世—渐新世。

【层型】　正层型剖面在山东省商河县沙河街华7井。天津市沙河街组一、二、三段次层型剖面为天津市南钻孔剖面（12－0037－4－1)、(12－0037－4－2)、(12－0037－4－3)，沙河街组四段为武清县王草庄王2钻孔剖面（12－0037－4－4）。

【地质特征及区域变化】　沙河街组四段主要分布在武清凹陷和与其相邻斜坡的低部位。岩石组合为灰、深灰色泥岩夹多层黑色页岩、碳质页岩和褐色油页岩，并见少量灰白色砂岩和泥灰岩。武清凹陷可分为三个部分：下部的下层为紫红、灰色泥岩与灰、灰白色砂岩成不等厚互层，夹碳质泥岩，底为砾岩或含砾砂岩，覆于孔店组之上，厚150～411 m；下部的上层为深灰、灰黑色泥岩夹灰白色粉砂岩，局部地区夹黑色玄武岩，厚200～1 000 m。中部为绿灰、青灰、深灰色泥岩与灰白色粉砂岩、细砂岩成不等厚互层，局部地区夹数层玄武岩，含薄层膏泥岩和硬石膏，厚200～782 m。上部为灰、深灰色泥岩、钙质泥岩夹钙质页岩、泥灰岩和泥质白云岩，厚0～967 m。中、上部富含介形类、孢粉、藻类化石。地层厚度由北向南减薄，由以泥岩为主逐渐相变为以砂岩为主，夹灰黑色碳质页岩、白云岩。

沙河街组三段主要分布在宁河—大港地区，岩性为砂质砾岩、砂岩与泥岩互层。在大港、塘沽和汉沽，依据沉积剖面的旋回性和岩性、电性对比标志层将沙三段划分为5个次一级岩性段，即上粗段、上细段、中粗段、中细段和下粗段。据在塘沽一带揭露的沙河街组三段最大厚度大于1 700 m，富含化石。西部武清地区除在斜坡带上钻遇较薄的沙河街组三段外，其它地区由于埋藏较深，均未钻遇。岩性主要为深灰、灰黑色泥岩夹绿灰、紫红色泥岩，间夹黑色页岩和薄层灰色砂岩。本区沙河街组三段与下伏沙河街组四段或孔店组多成平行不整合或不整合接触，与上覆沙河街组二段亦为平行不整合或不整合接触关系。

沙河街组二段在本区东部主要分布在板桥、塘沽、汉沽等地，岩性为灰绿、灰色泥岩和浅灰色砂岩。砂岩占整个岩性段的10%～30%，仅在河北省涧河一带砂岩超过了50%，显示出还原、弱还原环境下的沉积环境特征。厚度为0～400 m，局部缺失。西部武清一带为一套以紫红、灰绿、灰色泥岩和深灰、灰、灰绿色页岩为主的地层，显示出氧化、弱氧化的沉积环境。砂岩主要集中在下部，底部含砾。厚度为0～1 500 m。本区沙河街组二段与下伏沙河街组三段呈平行不整合或不整合接触，部分地区超覆于更老的地层之上，与上覆沙河街组一段为连续沉积。

沙河街组一段沉积时期本区东、西部的差别仍然较明显。在东部各凹陷中沙河街组一段下部为暗色砂岩、泥岩互层，上部以灰色泥岩夹砂岩为主。厚度为150～600 m。在西部武清凹陷以紫红、灰绿、灰色泥岩和深灰、灰、灰绿色页岩为主。由于研究程度低，与沙河街组二段的划分还不十分清楚。在凹陷的斜坡部位厚100～200 m，在凹陷中厚1 000 m左右。本区沙河街组一段与下伏沙河街组二段及上覆东营组均为整合接触关系。

东营组　*Ed*　（12-0038）

【创名及原始定义】　1961年石油部华北石油勘探处创名，1978年由山东省区域地层表编写组介绍，创名地点位于山东省东营市华8井。原始定义：沙河街组之上一套棕色、棕红色及灰绿色泥岩、粉砂质泥岩与灰绿色砂岩组成的韵律型沉积。向下颗粒粗，为浅灰色、棕红色砾状粗砂—细砾岩，棕红色者居多。向上颗粒细，灰绿色者占相当大比例。由下至上岩性由粗变细，颜色由浅变深。获得工业性油流。

【沿革】　本区东营组系根据岩性组合、沉积特征、层位、生物特征与邻区对比而来。

【现在定义】　指整合于沙河街组之上不整合于馆陶组之下一套砂岩、泥岩的交互沉积，三分性明显。上段为灰绿、灰白色砂岩及棕红色砂质泥岩，以砂岩为主。中段为灰色、棕红色泥岩，细砂岩，以泥岩为主。下段为灰白、灰绿色细砾岩、细砂岩及泥岩，以砂砾岩为主。区域性变化较大，一般上、下段颗粒较粗，中段较细。

【层型】　正层型剖面在山东省东营市垦利县华8井。天津市次层型剖面为大港区新上古林钻孔剖面（12-0038-4-1）。

【地质特征及区域变化】　本区东营组根据沉积特征和岩性组合规律可分为三个岩性段：下部东营组三段为灰色砂岩、泥岩互层，厚100～150 m；中部东营组二段为灰绿、绿灰色泥岩，间夹砂岩，厚100～200 m；上部东营组一段主要为灰白色砂岩与灰绿色泥岩组成的反旋回层序，厚0～700 m。总体显示上、下部颗粒相对粗一些，中部较细，岩石特征基本上可以和东营组标准钻孔剖面对比。与下伏沙河街组为连续沉积，局部覆于更老的地层之上。

本区东营组主要分布在东部宁河—大港（即沧东断裂以东、汉沽断裂以南）和西部武清地区。东部地区研究较详，可细分为三个岩性段。在武清一带由于研究程度较低，没有进一步划分，主要岩性是紫红、棕红、灰绿色泥岩，夹灰白、浅灰色砂岩，底部为砂岩、泥岩互层。

东部地区东营组变化情况如下：

东营组三段可进一步划分为上、下两部分，上部在大港以北为灰、深灰色泥岩，其底为灰白、灰色砂岩组成的两个正旋回，以砂岩底界与下部分开，局部地区砂岩含砾，砾石成分为燧石，砾径2～4 mm。泥岩富含炭屑和菱铁矿条带。上部在大港南部为灰、深灰色泥岩，底部间夹薄层钙质砂岩和灰质岩。砂层由南向北增多变厚，塘沽一带缺失。下部为一套深灰、深灰褐、灰黑色泥岩，间夹灰褐色薄层劣质油页岩，局部地区夹薄层粉砂岩、细砂岩。泥岩中富含介形类、腹足类化石，并见到植物茎、完整树叶和鱼骨等化石。厚度在唐家河为420～650 m，在大港为210～520 m。

东营组二段也可分为上、下两部分。上部在板桥、唐家河以灰、深灰、深灰绿色泥岩为主，夹灰绿、浅灰色薄层粉砂岩、细砂岩。在大港以南砂岩逐渐减少，并过渡为灰、深灰色泥岩。在长芦、塘沽一带由南向北砂岩逐渐增多，为砂岩、泥岩交互层。塘沽以北见有钙质砂岩、白云质砂岩、生物灰岩、油页岩或碳质页岩薄层。泥岩质地柔软，质较纯者性脆，富含炭屑、介形类及孢粉化石，局部富含钙质团块。砂岩以粉砂岩、细砂岩为主，多为泥质胶结，波状层理、斜层理和交错层理发育。下部在唐家河为深灰、灰绿色砂岩夹灰、深灰、灰绿色泥岩、砂质泥岩。砂岩为泥质胶结，具水平层理、波状层理、单斜层理和交错层理，富含植物根茎和腹足类化石碎片。在周清庄为灰、深灰色泥岩，富含介形类化石。在大港以北为泥岩、砂岩交互层。本段上部的厚度在唐家河为 220～270 m，大港为 50～200 m，板桥为 320 m，塘沽为 154～326 m；下部在唐家河为 100～240 m，北部为 50～230 m。

东营组一段在大港以南为灰白、浅灰、灰绿色砂岩与灰绿、绿灰色泥岩互层。在板桥一带为灰、灰绿色泥岩夹灰白色粉砂岩、细砂岩、泥质粉砂岩。本段在大港一带厚 150 m，在板桥、歧口一带厚 370 m。

馆陶组　Ng　（12－0039）

【创名及原始定义】　60 年代初石油部创名。原创名地点在河北省馆陶县（华 3 井）。原始定义：一套灰白色砾状砂岩、细砾岩、灰绿色细砂岩和棕红色泥岩的间互沉积。上段为砂岩、泥岩的互层；下段是厚层—块状砂砾岩夹泥岩，局部地区为泥岩夹砂岩。不整合于东营组之上，整合于明化镇组之下。

【沿革】　本区该套地层是根据岩石、生物组合特征与邻区对比而来，沿用了馆陶组一名。

【现在定义】　不整合于东营组或沙河街组之上、整合于明化镇组之下的一套灰白色砾状砂岩、细砾岩、灰绿色细砂岩和棕红色泥岩的间互沉积。上段为含砾砂岩、砂岩与泥岩互层，下段为厚层—块状砂砾岩夹泥岩，底部为含石英、黑色燧石的砂砾岩、砾状砂岩，局部为玄武岩。

【层型】　山东省地矿局以华北平原济阳凹陷辛 3 井钻孔剖面为选层型，位于山东省东营市六户镇。天津市次层型剖面为大港区新上古林钻孔剖面（12－0039－4－1）。

【地质特征及区域变化】　本区馆陶组岩性以含砾砂岩为主，间夹厚度不等的泥岩、粉砂质泥岩，底部常见暗色矿物较多的砂砾岩和砾岩。厚度为 200～600 m 左右。根据本区馆陶组岩性特征可分为下、中、上三个部分：

下部：以砂岩为主，砂岩具平行层理、波状层理和交错层理，局部夹有劣质煤线。含砾砂岩的砾石成分以泥砾为主，偶见石英、燧石，砾径为 15～25 mm。泥岩富含黄铁矿晶体。

中部：以大段浅灰绿色泥岩为主，夹灰绿、灰白色泥质粉砂岩、砂岩，中部间夹薄层浅棕红色泥岩。泥岩普遍含炭屑和碳质条带，具次生方解石脉，呈网状分布。砂岩层理不发育，局部可见斜层理、波状层理和交错层理，见少量钙质砂岩。

上部：为灰绿、灰白色厚层砂岩、砂砾岩，夹灰绿、棕红、暗棕褐、紫褐色泥岩。砂岩具微细斜层理和斜层理，局部具波状微细交错层理，普遍含黄铁矿微晶集合体，碳质条带发育。砂砾岩的砾石成分为灰白、黑灰色石英、燧石，少量为泥砾，砾径一般为 1～3 mm，大者达 30 mm，部分砾石成条带状集中分布。

本区馆陶组为一套河流相碎屑岩，沉积旋回明显，纵向层序具下部粗、中部细、上部粗的旋回性，各部分的内部砂砾岩、砂岩、粉砂岩和泥岩则组成次级小旋回。在剖面中砂岩一般占 40％～50％，最高可达 60％～80％，砂岩一般厚 20 m，最厚可达 80 m，以中、细砂岩为主，厚层砂岩中也有一定比例的粗砂岩和细砾岩。

根据大量薄片资料说明，馆陶组岩矿组成中岩屑含量大于 25％，其中含有较多的基性火山岩、粉砂岩和泥岩岩屑，长石含量一般也超过 25％，含一定量的云母，成熟度较低，岩石类型为岩屑砂岩。同时，砂岩的结构成熟度也较低，分选中等—差，次棱角、次圆状，常见杂基结构。以上特征表明馆陶组为陆上近源河流相沉积，物质来源于北部山区。

馆陶组重矿物组合以石榴石为主（10%～40%），绿帘石次之，锆石少量。

本区馆陶组广泛分布于宁河-宝坻断裂以南的平原地区，仅在边缘和隆起区减薄或缺失。馆陶组下部层位在北辰、塘沽和汉沽区的部分地区厚达50～130 m，以细砂岩和砂砾岩为主。在武清一带馆陶组的厚度主要受河西务东断裂和宝坻断裂的控制，在断裂下降盘一侧埋藏深度大于3 500 m，沉积厚度一般为200～300 m。歧口一带增至600 m以上，塘沽、汉沽在400 m左右。

明化镇组　N*m*　（12－0040）

【创名及原始定义】　60年代初石油部创名。原创名地点在河北省南宫县明化镇村（华1井）。原始定义：主要由土黄、棕红色泥岩、砂质泥岩与灰白色砂岩组成，分上、下两段。

【沿革】　本区明化镇组涵义、范畴及划分标准系与邻区对比而来。

【现在定义】　整合于馆陶组之上、不整合于第四纪平原组之下主要由土黄、棕红色泥岩、砂质泥岩与灰白色砂岩组成之岩层。上段粒度较粗、颜色浅，含铁锰质、灰质结核；下段粒度较细、颜色深。

【层型】　山东地矿局以华北平原济阳凹陷辛3井钻孔剖面为选层型，位于山东省东营市六户镇。天津市次层型剖面为天津市南钻孔剖面（12－0040－4－1）。

【地质特征及区域变化】　本区明化镇组由一套灰、灰绿色砂岩、泥质粉砂岩和灰黄、棕红色泥岩所组成。厚度为700～1 500 m。根据岩石组合特征可分为上、下两个段：

下段：以棕红、暗棕红、灰绿色厚层泥岩、砂质泥岩夹灰绿、灰白色细砂岩为主。颜色上部鲜艳，下部变暗。泥岩普遍含砂，并发育次生灰绿色花斑和褐铁矿浸染斑块。下部可见明显的搅混构造。上部泥岩中有较多的钙质团块和方解石脉。砂岩层理发育，多为交错层理、缓斜层理，偶见波状层理，底部常有钙质砂岩或泥砾。厚400～800 m。

上段：岩性以灰、灰绿色砂岩、含砾砂岩与灰绿、浅棕红、棕红带紫等杂色泥岩、粉砂质泥岩成不等厚互层，间夹薄层灰绿色泥质粉砂岩、细砂岩、钙质砂岩。成岩和胶结程度自上而下逐渐变好。颜色上部为土黄、棕黄色，中部为绿灰色夹棕黄、棕红色，下部则为浅棕红色。普遍含钙质结核、钙质团块或钙砾，以及铁锰质结核和零星黄铁矿。偶见炭屑，个别层富含腹足类和双壳类化石。泥岩普遍具黄绿、灰绿色花斑。厚250～800 m。

重矿物基本上属于石榴石-磁铁矿组合，粘土矿物属蒙脱石-伊利石-高岭石组合，以高岭石为主。

本区明化镇组与上覆第四系呈整合或平行不整合接触关系。

广泛分布于宁河-宝坻断裂以南的平原地区，厚度变化不大，本区中部厚700～800 m，在西部武清一带厚800～1 200 m，东部歧口一带厚1 300～1 500 m，塘沽一带厚1 200～1 400 m。

据研究东部为曲流相沉积，西北部具有辫状河沉积特点。由于其分布范围广，沉积厚度大，曲流河具有反复迁移改道的性质，地层对比较困难，难以了解全区范围内河道砂体的展布情况。通过区域对比，初步认为河流总的趋势为NE走向。向NW方向可追索到武清一带，该地区的明化镇组岩性粗，含砾，其沉积特征与馆陶组相似。

本区明化镇组北粗南细的碎屑分布规律十分明显。砂岩的岩矿特征与馆陶组相比，结构成熟度高，岩屑含量较多，且大部分是泥岩岩屑。总之，明化镇沉积时期的河流为流程不长的中、小河流，但源区应比馆陶组沉积时期远一些。

第二节　生物地层

天津市第三纪地层属河流、湖泊相沉积，介形类、腹足类、藻类、轮藻及孢粉化石十分繁盛，分布广泛，其生物组合与年代地层、岩石地层的对比关系见表6-1。据《华北地区区域地层表》(1979)、陈仲勤(1981)、《天津市区域地质志》(1992)等文献和专著，择要将介形类、腹足类、藻类、轮藻四门类生物组合叙述如下：

介形类

本区早第三纪介形类最为丰富，共划分四个组合，五个亚组合。

1. *Huabeinia chinensis* 组合

本组合以壳体大，壳壁厚，具粗壳饰的 *Huabeinia chinensis* 为主要成员，所含属种较为单调，仅包括 *Huabeinia* sp.，*Candona* sp.，*Pseudcandona* sp.，*Herpetocypris* sp.，*Camarocypris* sp.，*Neocypris* sp. 及 *Chinocythere* sp. 7个属中的19种。沙河街组三段为该组合的极盛时期，它们的不同种类在沙河街组三段不同沉积时期构成不同的亚组合：*Huabeinia obscura* 亚组合分布于沙河街组三段下；*Huabeinia costatispinata* 亚组合分布于沙河街组三段中；*Huabeinia huidongensis* 亚组合分布于沙河街组三段上。该组合所代表的时代为渐新世早期。

(1) *Huabeinia obscura* 亚组合　它们的特征是壳体大，壳壁厚，壳面饰有弱瘤及峰窝等。主要属种有 *Huabeinia obscura*，*H. huidongensis*，*H. postideclivis*，*H. triangulata*，*Herpetocypris wangguantunensis* 以及 *Huabeinia elliptica*，*H. unispinata*，*Pseudocandona boxingensis*，*Candona postaibscissa*。

(2) *Huabeinia costatispinata* 亚组合　此亚组合的壳体大小、壳壁厚薄以及纹饰等特征，基本与 *Huabeinia obscura* 亚组合相同，但其中绝对不含 *Huabeinia obscura*，而以具脊和刺饰的 *Huabeinia costatispinata* 为重要成员，其它主要分子还有 *Huabeinia chinensis*，*H. huidongensis*，*H. unispinata*，*Candona postaibscissa* 等。

(3) *Huabeinia huidongensis* 亚组合　此亚组合的特征是以 *Huabeinia huidongensis* 占主要位置，没有 *Huabeinia costatispinata* 和 *H. obscura*，其次为 *Candona postaibscissa* 和 *Pseudocandona boxingensis*。壳饰、壳壁、大小等特征没有大的变化，仅仅无中腹部的细脊。有时 *Huabeinia unispinata* 较多，故中部具刺的类型还是存在的。*Pseudocandona boxingensis* 虽然常见，但数量极少。

2. *Camarocypris elliptica* 组合

本组合较 *Huabeinia chinensis* 组合丰富多彩，属种类型多，包括 *Camarocypris* sp.，*Virgatocypris* sp.，*Phacocypris* sp.，*Pseudocandona* sp.，*Candona* sp.，*Candoniella* sp.，*Cyprinotus* sp.，*Neocypris* sp.，*Cypris* sp.，*Ilyocypris* sp.，*Cyprois* sp.，*Chinocythere* sp.，*Limnocythere* sp.，*Darwinula* sp. 等14属34种。它们的特点是，壳体较 *Huabeinia chinensis* 组合略小，如大个体的 *Camarocypris elliptica*，*C. ovata*，*Cypris ellipti formis* 等本组合中的重要成员，均较前组合的重要成员 *Huabeinia* sp. 的壳体略小。此外，以光滑壳为主，极少具网纹及刺饰，与前一组合截然不同。本组合重要成员有：*Camarocypris elliptica*，*C. ovata*，*Virgatocypris striata*，*Phacocypris binhaiensis*，*Pseudocandona parva*，*Pseudocandona boxingensis*，*P. longa*，*Candona postitruncata*，*Candoniella suzini*，*Cyprinotus xiaozhuangensis*，*C. dorsicanvexus*，*C. tutus*，*C. yuchengensis*，*Neocypris ovata*，*Cypris ellipti formis*，*Ilyocypris errabundis*，*Cyprois mina*，

表 6-1　天津市第三纪生物地层划分表

<table>
<tr><td colspan="2" rowspan="2">年代地层</td><td colspan="2" rowspan="2">岩石地层</td><td colspan="7">生　物　地　层</td></tr>
<tr><td colspan="2">介形类</td><td>腹足类</td><td colspan="2">藻　类</td><td colspan="2">轮　藻</td></tr>
<tr><td rowspan="2">上第三系</td><td>上新统</td><td colspan="2">明化镇组</td><td colspan="2"></td><td></td><td colspan="2"></td><td colspan="2"></td></tr>
<tr><td>中新统</td><td colspan="2">馆陶组</td><td colspan="2"></td><td></td><td colspan="2"></td><td colspan="2"></td></tr>
<tr><td rowspan="12">下第三系</td><td rowspan="10">渐新统</td><td rowspan="4">东营组</td><td>一段</td><td colspan="2"></td><td></td><td colspan="2"></td><td colspan="2"></td></tr>
<tr><td rowspan="2">二段</td><td colspan="2" rowspan="2">Dongyingia inflexicostata 组合</td><td rowspan="2">Tianjinospira monostichophyma 组合</td><td colspan="2">Leiosphaeridia - Rugasphaera - Granodiscus 组合</td><td rowspan="3">Stephanochara microgranulata - Microcectochara dongmingensis 组合</td><td rowspan="2">Microcectochara dongmingensis 亚组合</td></tr>
<tr><td colspan="2">Granodiscus - Hungarodiscus - Prominangularia - Conicoidium - Rugasphaera - Dictyotidium 组合</td></tr>
<tr><td>三段</td><td colspan="2"></td><td>Bohaispira spiralifera 组合</td><td colspan="2">Granodiscus - Triangumorpha - Prominangularia 组合</td><td>Stephanochara microgranulata 亚组合</td></tr>
<tr><td rowspan="7">沙河街组</td><td rowspan="2">一段</td><td rowspan="2">Phacocypris huiminensis 组合</td><td>Limnocythere armata 亚组合</td><td rowspan="2"></td><td rowspan="2">Tenua 组合</td><td>Deltoidinia 亚组合</td><td colspan="2" rowspan="2"></td></tr>
<tr><td>Pseudocandona boxingensis 亚组合</td><td>Tenua - Palaeostomocystis 亚组合</td></tr>
<tr><td>二段</td><td colspan="2">Camarocypris elliptica 组合</td><td>Tulotomoides terrassa - Valvata (Atropidina) bangiaoensis 组合</td><td colspan="2">Campenia - Comasphaeridium 组合</td><td colspan="2">Charites producta 组合</td></tr>
<tr><td rowspan="3">三段</td><td rowspan="3">Huabeinia chinensis 组合</td><td>Huabeinia huidongensis 亚组合</td><td rowspan="3">Valvata (Cincinna) applanata 组合</td><td colspan="2" rowspan="3">Bohaidina - Rhombodella - Granodiscus staplinii 组合</td><td colspan="2" rowspan="3">Hornichara wangguanensis - Obtusochara latiapicis 组合</td></tr>
<tr><td>Huabeinia costatispinata 亚组合</td></tr>
<tr><td>Huabeinia obscura 亚组合</td></tr>
<tr><td rowspan="2">始新统</td><td>四段</td><td colspan="2"></td><td></td><td colspan="2"></td><td colspan="2"></td></tr>
<tr><td colspan="2">孔店组</td><td colspan="2"></td><td></td><td colspan="2"></td><td colspan="2"></td></tr>
</table>

C. palustris, *Chinocythere megacephalata*, *Limnocythere dectyophora*, *Darwinula stevensoni* 等。分布于沙河街组二段，时代属渐新世早期。

3. *Phacocypris huiminensis* 组合

分布于沙河街组一段，时代属渐新世早期，可分为两个亚组合：

（1）*Pseudocandona boxingensis* 亚组合　它的重要特征是 *Pseudocandona boxingensis* 的个体数量较前二组合多，而绝无 *Camarocypris* sp.，*Cyprinotus* sp.，*Cypris* sp.，*Cyprois* sp. 等属以及 *Limnocythere dectyophora*，*Darwinula stevensoni* 等 *Camarocypris elliptica* 组合的重要成员。其层位为沙河街组一段下的下部。

（2）*Limnocythere armata* 亚组合　其主要特征是含 *Limnocythere armata* 等重要化石，而不含 *Pseudocandona boxingensis*。其层位为沙河街组一段下的上部。

4. *Dongyingia inflexicostata* 组合

本组合属种丰富，以 *Dongyingia* sp. 达到极盛时期，壳饰变得异常发育，以粗瘤、脊装饰为特征，主要属种有：*Dongyingia inflexicostata*，*D. florinodosa*，*D. labiaticostata*，*D. biglobicostata*，*D. floricostata*，*D. recticostata*，*Phacocypris fanjiaensis*，*P. guangraoensis*，*Berocypris substriata*，*Pseudocandona caperata*，*Chinocythere xinzhenensis*，*C. carnituberosa*，*C. glabella*，*C. cornuta*，*C. impolita*，*C. pentaculeata*，*C. strumata*，*C. difformis*，*Candonopsis renqiuensis*。分布于东营组二段，时代属渐新世晚期。

腹足类

本区早第三纪腹足类较为繁盛，共划分四个组合：

1. *Valvata* (*Cincinna*) *applanata* 组合

本组合以 *Valvata* (*Cincinna*) *applanata* 最为发育，共生分子有 *Valvata carina*，*V. liujianfangensis*。分布于沙河街组三段，时代属渐新世早期。

2. *Tulotomoides terrassa* - *Valvata* (*Atropidina*) *bangiaoensis* 组合

主要分子有：*Tulotomoides terrassa*，*Valvata* (*Atropidina*) *bangiaoensis*，*Stenothyra striata*。分布于沙河街组二段，时代属渐新世早期。

3. *Bohaispira spiralifera* 组合

主要分子有：*Bohaispira spiralifera*，*Stenothyrella keirliensis*，*Valvata*? *mogniumbilicata*，*Pyrgula macra*，*P. subtilicarinata*。分布于东营组三段，时代属渐新世晚期。

4. *Tianjinospira monostichophyma* 组合

主要分子有：*Tianjinospira monostichophyma*，*T. distichophyma*，*T. tristichophyma*，*T. cingulata*，*Stenothyra* (*Basilirata*) *primocostata*，*S.* (*B.*) *turrita*，*Nodilirata truncatellata*，*Haihenia zhanhuaensis*，*Valvata* (*Atropidina*) *pileiformis*。分布于东营组二段，时代属渐新世晚期。

藻类

本区早第三纪时期藻类极为发育，从渐新世早期至晚期，由下至上可划分为六个组合，二个亚组合。

1. *Bohaidina* - *Rhombodella* - *Granodiscus staplinii* 组合

主要分子为：*Bohaidina* sp.，*Rhombodella* sp.，*Granodiscus staplinii*。分布于沙河街组三段，时代属渐新世早期。

2. *Campenia* - *Comasphaeridium* 组合

本组合主要分子有：*Campenia* sp.，*Conicoidium* sp.，*Deltoidinia deltoides*，*Granodiscus* sp.，*Granoreticella* sp.，*Comasphaeridium spinatum*，*Comasphaeridium* sp.，其中 *Campenia* sp. 所占比例最大。分布于沙河街组二段，时代属渐新世早期。

3. *Tenua* 组合

分布于沙河街组一段，时代属渐新世早期。可分两个亚组合：

(1) *Tenua* - *Palaeostomocystis* 亚组合　主要分子有 *Tenua* sp.，*Baltisphaeridium* sp.，*Filisphaeridium* sp.，*Palaeostomocystis* sp.，*P. minor*。分布于沙河街组一段下部。

(2) *Deltoidinia* 亚组合　主要分子有 *Deltoidinia* sp.，*Granodiscus granulatus*，*Leiosphaeridia* sp.，*Dictyotidium* sp.。分布于沙河街组一段上部。

4. *Granodiscus* - *Triangumorpha* - *Prominangularis* 组合

本组合主要分子有：*Granodiscus* sp.，*G. pylomicus*，*Triangumorpha* sp.，*Deltoidinia deltoides*，*D. parallelophotes*，*Prominangularis* sp.，*P. granulata*。分布于东营组三段下部，时代属渐新世晚期。

5. *Granodiscus* - *Hungarodiscus* - *Prominangularia* - *Conicoidium* - *Rugasphaera* - *Dictyotidium* 组合

其中的主要分子为：*Granodiscus* sp.，*Hungarodiscus* sp.，*Prominangularia* sp.，*Rugasphaera* sp.，*Conicoidium* sp.，*Dictyotidium* sp.。分布于东营组二段下部，时代属渐新世晚期。

6. *Leiosphaeridia* - *Rugasphaera* - *Granodiscus* 组合

主要分子为：*Leiosphaeridia taxodiforma*，*L. hyalina*，*Leiosphaeridia* sp.，*Rugasphaera* sp.，*Granodiscus* sp.，*G. pylomicus*。分布于东营组二段上部，时代属渐新世晚期。

轮藻

本区早第三纪时期轮藻颇为发育，主要发育在渐新世，从下至上可划分为三个组合二个亚组合：

1. *Hornichara wangguanensis* - *Obtusochara latiapicis* 组合

主要分子有：*Hornichara wangguanensis*，*Obtusochara breviovalis*，*O. coniodes*，*O. latiapicis*，*Neochara amblya*，*O.* cf. *subcylindrica*，*O. brevicylindrica*，*Turbochara speciales*。分布于沙河街组三段，时代属渐新世早期。

2. *Charites producta* 组合

主要分子有：*Charites producta*，*C. sinensis*，*C. conica*，*Pseudolatochara binhaiensis*。分布于沙河街组二段，时代属渐新世早期。

3. *Stephanochara microgranulata* - *Microcectochara dongmingensis* 组合

本组合分布于东营组二—三段，时代属渐新世晚期，可分为两个亚组合：

(1) *Stephanochara microgranulata* 亚组合　主要分子有：*Stephanochara microgranulata*，*S. echinata*，*Peckisphaera sphaeroides*，*Obtusochara intermedia*，*Maedlerisphaera chinensis*，*Grovesichara crassispiralis*，*Charites sublonga*。分布于东营组三段下部。

(2) *Microcectochara dongmingensis* 亚组合　主要分子有：*Microcectochara dongmingensis*，*M. zhangjuheensis*，*Stephanochara hunanensis*，*Sphaerochara headongensis*，*S. acuta*，*Peckisphaera ellipsoitalis*，*P. magna*，*Obtusochara macrovalis*，*Maedlerisphaera chinensis*，*M. sphaerica*，*M. ulmensis*，*Peckichara subglobularis*，*Harrisichara qiukouenesis*。分布于东营组二段上部，时代属渐新世晚期。

第三节　年代地层

天津市第三系分始新统、渐新统、中新统和上新统，缺失古新统。本次在前人工作基础上，依据古生物、古地磁、构造运动等资料，对第三系系、统两级年代地层单位界线作简要讨论。

一、白垩系与第三系界线

本区第三系最下部为孔店组，分布局限，主要在北塘凹陷钻遇，下伏地层为白垩系九佛堂组，以二组之间的角度不整合面为界线标志。孔店组孢粉 Taxodiaceae 数量较多，Pteridophyta 和 *Leiotriletes* 占一定比例，有一定数量的 *Ginkgo*，被子植物有 *Ulmus*，*Quercoidites*，组合面貌属始新世。下伏地层中 *Gleichenia* 含量增多，并有 *Anemia* 孢子，属白垩系特征。物探资料与古生物所确定的界限一致，孔店组声速时差为 400～450 μs/m，白垩系则为350 μs/m，反映不同时代地层在密度上的差别。

二、第三系与第四系界线

天津市及邻区第三系与第四系界线根据岩石特征、沉积环境、孢粉所反映的气候变化、微古生物、重砂矿物以及地球化学等方面的特征，平均深度在 200～400 m。从 70 年代末期以来随着古地磁学的开展，第四纪地层的划分被赋予了年代意义。但第四纪的下限，仍存在 1.80 Ma、2.48 Ma、3.00 Ma 等不同的认识，因此造成第三系与第四系界线划分相差很大。天津市海岸带地质地貌协调组（1985）、天津市地矿局（1992）选取 2.48 Ma 为第四纪下限，界线位置在松山/高斯界面附近，置于明化镇组与马棚口组之间，以二组之间的平行不整合面为界线标志。由于基底构造对第四系厚度的控制，使第三系与第四系界线的埋深在不同的构造单元仍有较大的差异，松山/高斯界面在黄骅坳陷出现的深度为 385～410 m，在沧县隆起地区变浅为 270～301 m。

三、下第三系与上第三系界线

本区下第三系与上第三系界线置于东营组与馆陶组之间，以二者间的角度不整合面为界线标志，依据如下：

（1）东营组所含介形虫、腹足类、藻类、轮藻组合及孢粉特征均具渐新世晚期的时代色彩，将其置于下第三系顶部当无问题。

（2）馆陶组化石稀少，除常见一些植物碎屑和一些孢粉化石外，介形类化石属种单调，偶见腹足类和双壳类，从岩石特征和古生物组合特征均可与河北、山东、辽宁西部平原地区的中新统地层进行对比，因此将馆陶组置于上第三系下部当无问题。

（3）东营组及其下伏沙河街组各门类化石丰富，组合分明，特征清楚，而上覆馆陶组化石贫乏，形成鲜明对照，表明二组之间存在一个较大的生物演化界线。

（4）从晚第三纪开始，本区随着裂陷作用的加强而形成区域性沉降，上第三系以披盖式沉积在下第三系或其它老地层之上，东营组与馆陶组之间为一构造不整合面所隔，表明二组分属不同构造时期的产物。

四、始新统与渐新统界线

本区始新统与渐新统界线置于沙河街组四段与三段之间，以二者间平行不整合或角度不整合面为界线标志，其依据如下：

(1)沙河街组四段上部介形类主要标志化石 *Eucypris pengzhenensis* 为湖北江汉平原上始新统荆沙组和湖南西部上始新统德山组 *Cyprinotus cicatricoca* - *Eucypris pengzhenensis* 组合中的重要分子，根据化石资料将沙河街组四段置于上始新统是比较合适的。

(2)沙河街组三段各门类化石丰富，介形类 *Huabeinia* 组合达到极盛时期，与下伏化石较为稀少的沙河街组四段比较，表明二者之间存在一个较大的生物演化界线。

(3)沙河街组三段与下伏沙河街组四段或孔店组多成平行不整合或角度不整合接触关系，始新世末本区部分地区隆起，遭受剥蚀，其后出现了更大范围的沉降活动，使盆地进一步扩展，自沙河街组三段沉积早期开始，坳陷内各次级凹陷水域逐渐连通，沙河街组四段与三段当为不同构造时期的产物，故此认为始新统与渐新统的界线应划在沙河街组四段与三段之间，以二者间的平行不整合或角度不整合面为界线标志。

五、中新统与上新统界线

本区中新统与上新统界线置于馆陶组与明化镇组之间，馆陶组与明化镇组整合接触。馆陶组为一套河流相碎屑岩，沉积旋回明显，地层具粗—细—粗三分性，孢粉中裸子植物占30%～70%，常见的有 Taxaceae，Taxodiaceae，Pinaceae，被子植物占20%～50%，主要有 Chenopodiaceae，Gramineae，Ulmaceae，Juglandaceae，Betulaceae，还出现大量的草本植物 *Ceratopteris* sp. 及少量蕨类 Polypodiaceae，*Pteris* sp.，*Osmunda* sp.；介形类主要是个体小，壳薄，表面光滑，无壳饰的 *Candoniella marcida*；腹足类和双壳类偶见。这些古生物组合均可和邻区中新统地层对比。明化镇组为一套杂色泥岩与砂岩沉积，含鱼类、介形类、孢粉、轮藻等古生物化石，各门类化石在京津冀平原地区上第三系中均可见到，孢粉组合在时间上不晚于上新世。故此，从岩性特征及古生物特征，将中新统与上新统的界线置于馆陶组与明化镇组之间是适宜的。

第七章
结　语

一、地层清理研究的主要成果进展及评述

(1) 以《中国地层指南及中国地层指南说明书》和《国际地层指南》为指导，应用现代地层学理论在本区系统地开展地层划分对比研究尚属首次。本次研究工作对中元古代—第三纪地层资料进行了全面的清理，初步建立起天津市岩石地层序列，包括2群36组2段。这些岩石地层单位均采用了华北大区的命名方案。统一了地层单位的命名、层型、定义、划分标准以及同物异名等，清除了过去传统地层学研究中年代地层与岩石地层不分，一些地层单位概念模糊、术语不规范现象。使地层工作开始有了统一的共同语言，在比较扎实的基础性地层工作基础上，促进了各项地质工作的发展。

(2) 重点清理研究了中—晚元古代地层，尽可能从岩石地层、生物地层、年代地层、化学地层及古地磁特征等方面全面地反映了前人研究成果。明确了层型剖面上具体的划分标志、常州沟组和团山子组的创名人（或单位）、原始定义及现在定义。

(3) 对寒武纪地层以山东长清馒头山和唐王寨层型剖面为准，恢复馒头组、炒米店组，不采用毛庄组、徐庄组、长山组和凤山组。

建议取消府君山组一名，其为昌平组的同物异名。

奥陶纪地层以唐山奥陶纪层型剖面为准，恢复马家沟组，不采用下、上马家沟组和峰峰组。

(4) 石炭纪—三叠纪地层，本溪组用辽宁层型，太原组及其以上地层用山西层型进行划分对比。消除了过去用生物划分本溪组、太原组、山西组所造成的混乱。不采用诸如唐山组等一类的地方性地层名称。目前已经建立起来的各组的划分标志是适合于本区大量钻孔资料的。

(5) 侏罗纪—白垩纪地层，本区以往由于资料所限，研究程度很低，一般未进行岩石地层划分，本次清理依据多重地层划分对比的原则将其初步分出4个世代盆地的堆积，7个岩石地层单位。

(6) 第三纪地层本区研究程度相对较高，本次清理立足于现有资料，划分为5个岩石地层单位，初步清理出生物地层单位17个组合，讨论了岩石地层单位的时代属性，基本上反映

了本区第三纪地层的研究现状。

二、存在的主要问题

(1)本区绝大部分为第四系覆盖区，地下地层资料均来自钻井和地球物理资料，后者包括电测井、电测深、地震等物探成果，这些资料比较丰富，从岩石的地球物理特征方面为地下地层的划分对比提供了依据。本次工作未能就电性地层、地震地层方面加以系统的总结，与岩石地层进行多重划分对比。建议在条件具备的情况下，针对本区具体的地质背景条件，对电性地层、地震地层方面继续深入研究，提高本区地层的研究程度，使之更具有实用性。

(2)第四系是天津特色，其分布面积达93.6%，按总设计要求未进行清理，待日后条件成熟时再进行清理。

参考文献

安太庠、张放、向维达、张又秋、徐文豪、张惠娟、姜德标、杨长生、蔺连第、崔占堂、杨新昌，1983，华北及邻区牙形石。北京：科学出版社。

巴尔博（Barbour G B)，1924，张家口一带地质观察。中国地质学会志，3（2)。

北京市地质矿产局，1991，北京市区域地质志。北京：地质出版社。

曹瑞骥、赵文杰，1981，华北区前寒武纪叠层石组合序列。古生物学报，20（6)，508—517。

陈晋镳，1956，河北省西北部震旦纪沉积与震旦纪古地理。地质知识，12，1—8。

陈晋镳，1980，略论蓟县及邻区震旦亚界的几个问题。中国地质科学院院报天津地质矿产研究所分刊，1（1)，18—27。

陈晋镳、张惠民、朱士兴、赵震、王振刚，1980，蓟县震旦亚界的研究。中国地质科学院天津地质矿产研究所主编，中国震旦亚界。天津：天津科学技术出版社。

陈荣辉、陆宗斌，1963，河北蓟县震旦系标准地层剖面观察。地质丛刊，甲种，前寒武地质专号，(1)，99—127。

丁培榛、范嘉松等，1961，山东淄博上古生代地层。地质集刊，7号，57—74。

董南庭，1956，宣化大地构造与铁矿。地质知识，10，1—7。

杜汝霖、田立富，1985，燕山青白口系宏观藻类龙凤山藻属的发现和初步研究。地质学报，59（3)，183—190。

杜汝霖、田立富、李汉棒，1986，蓟县长城系高于庄组宏观生物化石的发现。地质学报，60（2)，115—120。

葛利普（Grabau A W)，1922，中国北部奥陶纪动物化石。古生物志，乙种，第1号第一册，农商部地质调查所印行。

高振西、熊永先、高平，1934，中国北部震旦纪地层。中国地质学会志，13，243—288。

郭振明、陆宗斌，1963，福金山组及昌平灰岩中发现 *Palaeolenus* 化石。地质论评，21（3)，145。

国家地质总局天津地质矿产研究所、中国科学院南京地质古生物研究所、内蒙古自治区地质局，1979，蓟县震旦亚界叠层石研究。北京：地质出版社。

河北省、天津市区域地层表编写组，1979，华北地区区域地层表·河北省、天津市分册（一)。北京：地质出版社。

河北省地质矿产局，1989，河北省北京市天津市区域地质志。北京：地质出版社。

李增惠，1991，蓟县常州沟组中宇宙尘的年龄。中国地质科学院天津地质矿产研究所所刊，25，125。

梁玉左、曹瑞骥、张录易，1984，晚前寒武纪假裸枝叠层石。北京：地质出版社。

刘志礼，1982，河北蓟县雾迷山组微体藻化石群及其地质意义。南京大学学报，藻类专辑。

林朝棨，1942，满洲锦州北票地方的层序及地质构造。地质学杂志，49（589)，226、401。

陆松年、张学祺、黄承义，1989，蓟县—平谷长城系地质年龄数据新知及年代格架讨论。中国地质科学院天津地质矿产研究所所刊，23，11—24。

罗其玲、孙淑芬、张月林，1981，蓟县青白口系下马岭组微古植物新资料。中国地质科学院天津地质矿产研究所所刊，3，125—136。

罗其玲，1991，燕山西段上前寒武系长龙山组微古植物新资料。中国地质科学院天津地质矿产研究所所刊，25，107—118。

马底幼（Mathieu F F)，1922，直隶临榆县石门寨附近地质。地质汇报，第4号，57—66。

煤炭科学研究院地质勘探分院、山西省煤田地质勘探公司，1987，太原西山含煤地层沉积环境。北京：煤炭工业出版社。

诺琳（Norin E)，1922，山西太原附近地层详考。地质汇报，第4号，7—10。

牛保祥等，1985，山东淄博地区石炭纪含䗴地层。地层学杂志，9（2)，108—118。

全国地层委员会编，1960，地层规范草案及地层规范草案说明书。北京：科学出版社。

全国地层委员会编，1962，全国地层会议学术报告汇编——中国的前寒武系。北京：科学出版社。

全国地层委员会编，1962，全国地层会议学术报告汇编——中国的寒武系。北京：科学出版社。

全国地层委员会编，1962，全国地层会议学术报告汇编——中国的奥陶系。北京：科学出版社。

全国地层委员会编，1962，全国地层会议学术报告汇编——中国的石炭系。北京：科学出版社。

全国地层委员会编，1962，全国地层会议学术报告汇编——中国的二叠系。北京：科学出版社。

全国地层委员会编，1962，全国地层会议学术报告汇编——中国的侏罗系和白垩系。北京：科学出版社。

全国地层委员会编，1964，全国地层会议学术报告汇编——中国中生代陆相地层。北京：科学出版社。

全国地层委员会编，1963，全国地层会议学术报告汇编——中国的新生界。北京：科学出版社。

全国地层委员会编，1982，中国地层指南及中国地层指南说明书。北京：科学出版社。

全国同位素地质年龄数据汇编小组，1983，全国同位素地质年龄数据汇编（第三集)。北京：科学出版社。

全国同位素地质年龄数据汇编小组，1986，全国同位素地质年龄数据汇编（第四集）。北京：科学出版社。
任富根，1986，蓟县大红峪组火山-沉积岩系的基本特征。中国地质科学院天津地质矿产研究所所刊，16，91—108。
山东省地质矿产局，1991，山东省区域地质志。北京：地质出版社。
山东省区域地层表编写组，1978，华东地区区域地层表·山东省分册。北京：地质出版社。
申庆荣、廖大从，1958，燕山山脉震旦纪地层及震旦纪沉积矿产。地质学报，38（2），263—278。
石油化学工业部石油勘探开发规划研究院、中国科学院南京地质古生物研究所，1978，渤海沿岸地区早第三纪孢粉。北京：科学出版社。
石油化学工业部石油勘探开发规划研究院、中国科学院南京地质古生物研究所，1978，渤海沿岸地区早第三纪腹足类。北京：科学出版社。
石油化学工业部石油勘探开发规划研究院、中国科学院南京地质古生物研究所，1978，渤海沿岸地区早第三纪介形类。北京：科学出版社。
孙云铸，1957，寒武纪下界问题。地质学报，37（3），231—240。
孙云铸等，1965，中国石炭系论文选集。北京：科学出版社。
室井渡，1940，满洲地质见学旅行案内书，阜新、凌源方面，18—29。
天津市地质矿产局，1992，天津市区域地质志。北京：地质出版社。
王长尧，1987，燕山常州沟早期古河流的厘定与古地理特征及其演化。载：地质矿产部《前寒武纪地质》编辑委员会，前寒武纪地质，3，国际晚前寒武纪地质讨论会论文选集。北京：地质出版社。
王曰伦、陆宗斌、邢裕盛、高振家、林蔚兴、马国干、张录易、陆松年，1980，中国上前寒武系的划分和对比。载：中国地质科学院天津地质矿产研究所主编，中国震旦亚界。天津：天津科学技术出版社。
翁文灏、葛利普（Grabau A W），1923，中国石炭纪地层。国际地质学会13次年会文献资料，657—689。
谢家荣，1932，江苏铜山县贾汪煤田地质。地质汇报，第18号。
邢裕盛、刘桂芝，1973，燕辽地区震旦纪微古植物群及其地质意义。地质学报，47（1），1—64。
邢裕盛等，1989，中国的上前寒武系。北京：地质出版社。
阎玉忠，1982，蓟县长城系串岭沟组裂梭藻。中国地质科学院天津地质矿产研究所所刊，6，1—8。
阎玉忠，1985，蓟县串岭沟组微古植物群初介。中国地质科学院天津地质矿产研究所所刊，12，137—168。
阎玉忠，1986，蓟县下马岭组的管状藻化石。中国地质科学院天津地质矿产研究所所刊，16，165—170。
阎玉忠，1989，蓟县串岭沟组页岩相藻丝体。中国地质科学院天津地质矿产研究所所刊，21，149—166。
叶良辅、刘季辰，1919，直隶临榆县柳江煤田报告。地质汇报，第1号，37—50。
叶良辅等，1920，北京西山地质志。地质专报，甲种，第1号，1940年实业总署重印。
叶连俊、范德廉等，1964，华北地区震旦系、寒武系、奥陶系化学地史。地质科学，3。
于荣炳、张学祺，1984，燕山地区晚前寒武纪同位素地质年代学的研究。中国地质科学院天津地质矿产研究所所刊，11，1—24。
远藤隆次，1934，满洲の地质及矿产。东京、大坂，三省堂发行。
张进林，1980，燕山地区早寒武世府君山期三叶虫及寒武系下限。中国地质科学院院报天津地质矿产研究所分刊，1（1），102—110。
张鹏远，1980，蓟县震旦亚界雾迷山组真核生物——管状绿藻 *Siphonales*。中国地质科学院院报天津地质矿产研究所分刊，1（1），44—48。
张鹏远，1981，蓟县雾迷山组蓝藻化石。地质学报，55（4），253—257。
张鹏远，1983，蓟县雾迷山组燧石相微生物群。中国地质科学院天津地质矿产研究所所刊，8，207—223。
张文佑，1935，中国北部震旦纪与寒武纪地层之分界问题。国立北平研究院院务汇报，6（2）。
张文治、李普，1980，中国蓟县震旦亚界的古地磁特征。中国地质科学院院报天津地质矿产研究所分刊，1（1），111—122。
赵震，1982，蓟县震旦亚界雾迷山组沉积碳酸盐岩。中国地质科学院天津地质矿产研究所所刊，3，71—82。
赵亚曾，1926，南满石炭纪地层之研究。地质汇报，第8号，9—27。
朱浩然等，1980，蓟县震旦系微体化石的初步研究。南京大学学报，自然科学版，2。
朱士兴，1982，燕山震旦亚界下部叠层石中微生物化石的初步研究。中国地质科学院天津地质矿产研究所所刊，5，1—26。
Willis B and Blackwelder E．1907．Reaserch in China．vol．1，chapter Ⅱ，Stratigraphy of Shantung．
Willis B，Blackwelder E and Sargen H．1907．Reaserch in China．vol．1，pt．1，chapter b，136—152．

Hofmann H J and Chen Jinbiao. 1981. Carbonaceous megafossils from the Precambrian (1 800 Ma) near Jixian, northern China. Canadian Journal of Earth Sciences, vol. 18, no. 3.

Тимофеев Б В. 1966. Микроиалеофитологическое исследование древних свег. изд. 《Наука》, М—Л.

地质图说明书及区测报告

河北省地质局区域地质测量大队，1959，1:100万张家口幅区域地质测量报告。

河北省地质局区域地质测量大队，1966，1:20万兴隆幅、1:20万宝坻幅（北部）地质图说明书。

辽宁省地质局区域地质测量队，1967，1:20万朝阳幅地质图说明书。

田本裕、杨志甲，1950，河北省宣化、下花园煤田东部区域调查报告。

附录Ⅰ　天津市岩石地层数据库的建立及功能简介

一、建库情况

为了使今后的基础地质工作实现科学化和现代化的管理，地矿部直管局于1991年11月在地发[1991]005号文中明确指出：建立全国地层数据库是此次地层多重划分对比研究的重要任务，并单独成立了全国地层数据库研建组，于1992年立项（DZ1992-01)，负责地层数据库的软件研制工作。1993年3月全国项目办召开的第二次工作会议上对省级地层数据库的建立做了具体部署。此后，天津市地层数据库的研建工作在局、所领导的关怀下进行了人员和机器设备的落实，所里指定一台Compaq 386为地层数据库专用机，建库工作由项目组翟子梅承担。总体工作分四个阶段进行：

(1) 采用全国地层数据库研建组提供的DCKP V1.0软件进行系统安装和试运行，调整软件和外设的接口，使其达到良好的运行环境。

(2) 对中—晚元古代地层卡片进行录入和输出，计10套，提供给地层清理全国第三次工作会议审查。在这一轮的录入和输出工作中，发现了一些问题，及时反馈给全国地层数据库研建组，对源程序和录入方法进行了必要的修改，使问题得到了有效地解决。

(3) 采用修改后的DCKP V1.3版本，对其它断代的地层单位进行录入，并对全市地层单位进行修改和打印，于1994年10月参加华北大区联片评审验收，并获通过。

(4) 将WINDOWS系统的DC-WIN引进本数据库，根据修改的卡片，对本库进行调整完善。

二、地层数据库简介

地层数据库主要由三部分组成：

(1) 数据采集系统：包括对原始数据的录入、修改、追加、删除、浏览、打印、排序、插入等项功能及地层信息管理、索引管理、字典管理、文献管理、数据备份等。

(2) 数据加工系统：包括打印数据卡片、汇总制表、地层信息查询检索、岩石地层单位命名监控等。

(3) 扩充部分接口，为地层数据库的其它内容及以后的进一步开发留有接口。

地层数据库软件有2种版本，分别在DOS和WINDOWS环境下使用。

①DOS操作系统下：

软件：DCKP

软件支撑环境：DOS 3.31　MICROSOFT C 6.0

PTDOS 2.0（或UCDOS 3.0）

FOXPRO 2.0

②WINDOWS操作系统

软件：DC-WIN

软件支撑环境：WINDOWS 3.1　BORLAND C^{++}3.1

中文之星1.2　FOXPRO for WINDOWS 2.5

硬件运行环境为：COMPAQ 386计算机和LQ-1600K打印机

本系统的安装与启动详见用户使用手册。

操作中应注意的几个问题：

(1) 最好将PTDOS（或UCDOS）的pp.bat（up.bat）和Quit拷贝到DCSS子目录下，以便直接在该子目录下工作。

(2) 在DOS系统下进行数据录入时应注意：①卡Ⅰ最好集中录入，以后工作方便；②卡Ⅱ、卡Ⅲ、卡Ⅳ录入时将携带打开，既避免遗漏和重复，又提高录入速度；③根据本市卡片填制情况，有的卡Ⅳ“分布特征”项中，一条记录的数据长度不够，原来采用多条记录分割录入，但输出效果不理想，现改为只录起层号，不录终层号，使其内容由下到上顺序排列，避免产生误差；④系统运行时，有时出现特殊显示，一般有三种处理方法：a.在屏幕提示下选择“忽略”(Ignore)；b.出现菜单项时，按一次“Alt”键即可继续操作；c.热启动。

(3) 使用WINDOWS系统输出卡片时，必先退出PTDOS (UCDOS)，否则系统不工作。

地层数据库的其它主要功能还有：

(1) 地层信息检索：按照用户选择的省份、大区、经纬度、断代（纪）等控制参数，对地层单位、地层剖面、参考文献进行多方面的检索。如：地层剖面可以对所有剖面、所有正层型、所有副层型，……所有次层型进行检索，还可以对剖面名称、编号、化石名称（中文）、剖面其它信息等进行检索。检索的结果可以用三种方式输出：屏幕显示、打印和文件记盘。表格的输出也可由使用者挑选栏目的序号和每页的行数。通过此项功能可以对正式岩石地层单位和不采用地层单位进行检索，并输出检索结果表格。

(2) 数据备份：这是工作中常用的一个重要功能。为了确保数据的安全，必须把已入库的数据文件在软盘上备份，或将软盘数据拷入硬盘。根据工作实践，最好不要对省库进行入库工作，以防数据丢失。另外数据转换工作也要注意转换前的数据文件将被删除。

(3) 文献库管理：文献库是一个动态扩大的数据库，只能增改，不能删除，可以通过著者、出版年月、书名、出版单位、图书编号进行文献查询。

(4) 字典管理：可以对区码、省码、岩石花纹编号、粒度级别码、部分地质特征（接触关系、层理类型、其它沉积构造、磁极性、年龄测量方法、变质相）的国标代码以及系统内部代码进行查询。

三、天津市地层数据库信息量统计

本库涉及的岩石地层单位有：中—晚元古代、寒武—奥陶纪、石炭—三叠纪、侏罗—白垩纪和第三纪的岩石地层单位。

岩石地层单位：64套

其中：正式使用岩石地层单位：40套

拟不采用地层单位：24套

所有地层剖面：103条

其中：正层型：2条

选层型：8条

参考剖面：93条

参考文献：107条

四、今后工作设想

天津市地层数据库由天津市地调所负责管理和维护。为了使本库更充实完整，今后应有计划地分期分批将本市的重要地层资料入库。针对天津市的具体情况，应增加有关钻孔的资料信息项，如标高和埋深等。使我们的工作真正做到科研更深入，管理上等级。

附录Ⅱ　天津市采用的岩石地层单位

附录Ⅱ-1

序号	岩石地层单位名称 英文	岩石地层单位名称 汉文	编号	代号	地质时代	创名人（介绍人）	创建时间（介绍时间）	所在省、市	在本书页数
1	Benxi Fm	本溪组	12-0023	C*b*	C_2	赵亚曾	1926	辽宁	66
2	Changping Fm	昌平组	12-0013	∈*ĉ*	∈$_1$	张文佑	1935	北京	56
3	Changzhougou Fm	常州沟组	12-0001	Ch*ĉ*	Ch	蓟县震旦系现场学术讨论会	1964	天津	9
4	Chaomidian Fm	炒米店组	12-0017	∈*ĉm*	∈$_3$	Willis，Blackwelder	1907	山东	60
5	Chuanlinggou Fm	串岭沟组	12-0002	Ch*ĉl*	Ch	高振西、熊永先、高平	1934	天津	13
6	Dahongyu Fm	大红峪组	12-0004	Ch*d*	Ch	高振西、熊永先、高平	1934	天津	18
7	Dongying Fm	东营组	12-0038	E*d*	E_3	石油部华北石油勘探处 （山东省区域地层表编写组）	1961 （1987）	山东	87
8	Gaoyuzhuang Fm	高于庄组	12-0005	Ch*g*	Ch	高振西、熊永先、高平	1934	天津	21
9	Guantao Fm	馆陶组	12-0039	N*g*	N_1	石油部	60年代初	河北	88
10	Gushan Fm	崮山组	12-0016	∈*g*	∈$_3$	Willis，Blackwelder	1907	山东	59
11	Hongshuizhuang Fm	洪水庄组	12-0008	Jx*h*	Jx	高振西、熊永先、高平	1934	天津	35
12	Hutian Mem	湖田段	12-0024	C^h	C_2	关士聪、李星学、张文堂等 （丁培榛等）	1952 （1957）	山东	67
13	Jiawang Mem	贾汪段	12-0021	O^j	O_1	李仲揆［李四光］ （谢家荣）	1930 （1932）	江苏	62
14	Jingeryu Fm	景儿峪组	12-0012	Qn*j*	Qn	高振西、熊永先、高平	1934	天津	43
15	Jiufotang Fm	九佛堂组	12-0034	K*j*	K_1	远藤隆次	1934	辽宁	81
16	Jiulongshan Fm	九龙山组	12-0030	J*j*	J_2	叶良辅等	1920	北京	79
17	Kongdian Fm	孔店组	12-0036	E*k*	E_2	地质部第一石油普查大队 （山东省区域地层表编写组）	1964 （1978）	河北	85
18	Liangjiashan Fm	亮甲山组	12-0019	O*l*	O_1	叶良辅、刘季辰	1919	河北	61
19	Longshan Fm	龙山组	12-0011	Qn*l*	Qn	郝诒纯 （乔秀夫）	1954 （1956）	北京	41
20	Majiagou Fm	马家沟组	12-0020	O*m*	O_{1-2}	Grabau	1922	河北	62
21	Mantou Fm	馒头组	12-0014	∈*m*	∈$_1$	Willis，Blackwelder	1907	山东	57
22	Minghuazhen Fm	明化镇组	12-0040	N*m*	N_2	石油部	60年代初	河北	89
23	Nantianmen Fm	南天门组	12-0035	K*n*	K_1	Barbour	1924	河北	82
24	Shahejie Fm	沙河街组	12-0037	E*ŝ*	E_{2-3}	石油部华北石油勘探处 （山东省区域地层表编写组）	1960 （1978）	山东	86
25	Shanxi Fm	山西组	12-0026	P*ŝ*	P_1^1	Willis，Blackwelder	1907	山西	69
26	Shihezi Fm	石盒子组	12-0027	P*sh*	$P_1^2—P_2^1$	Norin	1922	山西	73
27	Shiqianfeng Gr	石千峰群	12-0028	PT*Ŝ*	$P_2^2—T_1$	Norin	1922	山西	75
28	Taiyuan Fm	太原组	12-0025	C*t*	C_2	翁文灏，Grabau	1922	山西	67
29	Tiaojishan Fm	髫髻山组	12-0031	J*t*	J_2	叶良辅等	1920	北京	79
30	Tieling Fm	铁岭组	12-0009	Jx*t*	Jx	高振西、熊永先、高平	1934	天津	37
31	Tuanshanzi Fm	团山子组	12-0003	Ch*t*	Ch	陈晋镳	1962	天津	15
32	Tuchengzi Fm	土城子组	12-0032	J*tc*	J_2	林朝棨	1942	辽宁	80

序号	岩石地层单位名称		编号	代号	地质时代	创名人（介绍人）	创建时间（介绍时间）	所在省、市	在本书页数
	英　文	汉　文							
33	Wumishan Fm	雾迷山组	12-0007	Jxw	Jx	高振西、熊永先、高平	1934	天津	29
34	Xiahuayuan Fm	下花园组	12-0029	Jx	J_{1-2}	田本裕、杨志甲	1950	河北	78
35	Xiamaling Fm	下马岭组	12-0010	Qnx	Qn	叶良辅等	1920	北京	39
36	Yangzhuang Fm	杨庄组	12-0006	Jxy	Jx	高振西、熊永先、高平	1934	天津	26
37	Yeli Fm	冶里组	12-0018	Oy	O_1	Grabau	1922	河北	61
38	Yixian Fm	义县组	12-0033	Ky	K_1	室井渡	1940	辽宁	81
39	Yuemengou Gr	月门沟群	12-0022	CPY	$C_2-P_1^1$	Norin	1922	山西	65
40	Zhangxia Fm	张夏组	12-0015	$\in\dot{z}$	$\in_2$	Willis，Blackwelder	1907	山东	58

附录Ⅲ　天津市不采用的地层名称

序号	地层单位名称		编号	地质时代	创名人	创建时间	所在省	不采用的理由
	英　文	汉　文						
1	Changzhoucun Fm	常州村组	12-0053	Z_1	俞建章、崔盛芹、仇甘霖	1964	天津	与常州沟组同物异名
2	Changcheng Quartzite	长城石英岩	12-0050	Z_1	高振西、熊永先、高平	1934	天津	已用长城系
3	Changcheng Fm	长城组	12-0051	Z_1	J-50（张家口）幅区域地质测量报告	1959	河北	已用长城系
4	Changlongshan Fm	长龙山组	12-0054	Qn	北京市区域地层表编写组	1975	北京	与龙山组同物异名
5	Changshan Fm	长山组	12-0059	$\in_3$	孙云铸	1924	河北	与炒米店组同物异名
6	Damiaozhuang Fm	大苗庄组	12-0067	P_1	李占春	1959	河北	现山西组部分
7	Fengfeng Fm	峰峰组	12-0063	O_2	河北-区调队	1975	河北	与马家沟组同物异名
8	Fengshan Fm	凤山组	12-0060	$\in_3$	孙云铸	1924	河北	与炒米店组同物异名
9	Fujunshan Fm	府君山组	12-0056	$\in_1$	王日伦	1960	天津	与昌平组同物异名
10	Gangxi Fm	港西组	12-0073	$J_3—K_1$	初显志等	1982	天津、河北	分归义县组、九佛堂组
11	Guye Fm	古冶组	12-0069	P_2	马底幼	1927	河北	归石盒子组
12	Huongyaguan Fm	黄崖关组	12-0052	Z_1	第一次全国地层会议	1959	天津	与常州沟组同物异名
13	Kaiping Fm	开平组	12-0065	C_3	中国地质学会编委会	1956	河北	现归太原组
14	Luotuoling Fm	骆驼岭组	12-0055	Qn	邢裕盛	1989	天津	与龙山组同物异名
15	Maozhuang Fm	毛庄组	12-0057	$\in_1$	王日伦	1963	河北	归馒头组
16	Shangmajiagou Fm	上马家沟组	12-0062	O_1	张文堂	1962	河北	合为马家沟组
17	Shangshihezi Fm	上石盒子组	12-0071	P_1	河北省、天津市区域地层表编写组	1979	河北	合为石盒子组
18	Shiqianfeng Fm	石千峰组	12-0072	P_2	全国地层规范（草案）	1966	山西	已升为群
19	Tangjiazhuang Fm	唐家庄组	12-0068	P_1	马底幼	1923	河北	归石盒子组
20	Tangshan Fm	唐山组	12-0064	C_2	马底幼	1927	河北	分归现本溪组、太原组
21	Xiamajiagou Fm	下马家沟组	12-0061	O_1	张文堂	1962	河北	合为马家沟组
22	Xiashihezi Fm	下石盒子组	12-0070	P_1	河北省、天津市区域地层表编写组	1979	河北	合为石盒子组
23	Xuzhuang Fm	徐庄组	12-0058	$\in_2$	王日伦	1960	河北	归馒头组
24	Zhaogezhuang Fm	赵各庄组	12-0066	C_3	中国地质学会编委会	1956	河北	现山西组部分